遠流

抗發炎
斷開百病
最強絕招

日本知名醫學博士、心血管疾病權威
池谷敏郎（Iketani Toshiro）◎著　羅淑慧◎譯

体内の「炎症」を抑えると、病気にならない！

推薦的話
別讓發炎成為百病之源

美國自然醫學博士／陳俊旭

人類是地球上四種不會自行製造維生素C的哺乳動物之一，但由於原始人的生食中含大量維生素C，所以沒事；現代人新鮮蔬果攝取普遍不足，再加上常常攝取油炸物，維生素C不但破壞殆盡，還攝入大量自由基，此外，過度操勞、睡眠不足，都會導致體內氧化壓力增加，最終使身體傾向發炎。

被蚊蟲咬傷，或被鐵釘刺傷，健康的人傷口很快癒合，但若拖拖拉拉，就是發炎體質。我們可以用傷口癒合的速度，來判斷一個人免疫系統是否正常。本書中提出許多證據，解說**許多慢性病皆源於發炎失控，甚至癌症的前身就是發炎**。

所以現代人若要健康無病，必定得正視發炎，甚至定期檢驗發炎指數，例如

CRP。書中提到很多抗氧化、抗發炎的方法，身體力行就可避免慢性病纏身。

近年來世界各國的肥胖率不斷攀升，光是美國，一年就要花兩百億美金在減肥產業，但成功者卻不到二%。這是因為方法錯誤。肥胖者的體內會釋放較多促進發炎的細胞激素，換句話說，肥胖者容易發炎、生病，難怪長壽村內沒有胖子。

由於**肥胖細胞具有胰島素抗性，所以肥胖的人容易產生三高（高血糖、高血壓、高血脂）**。總而言之，減肥不只是為了外型美觀，更是為了健康與長壽。傳統高醣低脂的減肥法屢屢失敗，而近年來在歐美興起的低糖高脂飲食（生酮飲食），被證實是最強效、最安全、最不容易復胖的減肥法。酮體更可以啟動很多基因，促進抗氧化酵素的合成，因而達到抗氧化、抗發炎、抗老化的目的。

大量新鮮無毒蔬果，加上一夜好眠，是抗發炎的基本條件。若經常外食或行程忙碌，則必須善用現代科技，補充天然營養品，其中最具代表性的是維生素C與Omega-3 必需脂肪酸。不必擔心副作用，因為高品質維生素C唯一的副作用就是腹瀉，不會有腎結石的問題。魚油含有豐富的EPA和DHA，有消炎和消水腫的效果，還可以疏通血管和保護神經。

書中提到的體操和泡澡，都可以提高副交感神經，達到放鬆與修復的效果，是抗發炎的有效療法。**紓壓是現代人必備的技巧**，若經常與壓力為伍，則容易釋放腎上腺荷爾蒙，導致粘膜容易受損、血糖上升、末梢循環障礙，壞處不勝枚舉。過勞是現代人常見的現象，若不懂得放慢腳步與適度休息，會使體內發炎失控，輕者早衰，重者加速心腦血管疾病的產生，而可能致命。

最後，要提醒讀者，**發炎並不是件壞事，是身體修復或清理外來物的必經過程，但發炎失控，卻是百病之源。**大家千萬要注意身體傳遞出來的訊號，不要輕忽，如此才能長命百歲、健康無病。

（本文作者陳俊旭是臺灣第一位美國自然醫學博士，除了國內外完整醫學訓練外，還領有美國正統自然醫學醫師執照。截至二〇一八年為止，著有健康叢書十本，並常受邀在美國、加拿大、臺灣、中國、新加坡、馬來西亞等地巡迴演講。二〇〇九年開始於臺灣、美國兩地開設健康課程；二〇一〇年成立「臺灣全民健康促進協會」與「健康之音」網路廣播電臺，以提供全方位的健康醫療服務。）

目錄

第2章 從疾病類別看體內發炎：人為什麼會生病、痊癒？

第3章

越胖的人越容易發炎

第4章 對策篇1：抑制發炎的健康飲食法

第5章 對策篇2：抑制發炎的生活小撇步

前言
擺脫疾病、延緩老化，都得從抗發炎做起

「人體會隨著發炎而逐漸老化。」看到這段話，或許有人會覺得一頭霧水。如果你曾經在其他書籍或是電視節目看過類似議題，也許還會質疑：「不是說『人體會隨著血管老化而變老』嗎？怎麼現在又說是因為『發炎』呢？」

誠如大家所知，血管的功用是把人體所需的營養和氧氣送至全身細胞，同時收回所有不需要的老廢物質。就像棒球隊經理那樣，正因為有血管的捨己奉獻，全身的細胞才有動力活動。

由此可見，**血管老化與全身的老化息息相關**，這是不爭的事實。年輕的血管既柔軟又具有彈性，隨著年齡增長，血管會逐漸硬化，並於內側形成斑塊（plaques，即動脈硬化斑，血管中的障礙物），使血液通道變得狹窄、易破裂，這就是血管老化的徵兆。但其實動脈硬化這種血管老化現象，也和發炎有著密不可分的關係。

甚至，最近也有相關研究發現：

> 不光是老化，糖尿病、癌症、憂鬱症、阿茲海默症、異位性皮膚炎等現代疾病，也隱藏著「發炎」這個共通原因。

「發炎」究竟是什麼？

各位聽到發炎二字，腦海中會最先浮現何種印象？就我個人經驗來看，要成為醫師，就一定要學會辨識發炎症狀。包括：**發紅**、**腫脹**、**疼痛（發癢）**、**發燙**（簡稱：紅、腫、痛、熱），這四種症狀稱為發炎的四大特徵。「只要又紅又腫、發燙，同時又有疼痛感，就可能是發炎」，這是每位醫師在求學階段都會習得的觀念。

簡單來說，被蚊子叮咬之後，該部位會馬上出現紅腫症狀，摸起來也會硬硬腫腫的。這種時候，雖然癢的感受大於疼痛，但其實也是典型的發炎。這是因為人體會對蚊子唾液裡的物質（對身體而言的異物）產生排斥，為了排除那些物質，進而產生了所謂的發炎反應。

其實，發炎本身並無害，而是保護、治療身體的必經過程，也是免疫系統正常運作時的反應。身體會排除外來的有害入侵者，在組織受傷時主動修復。而在這個排除、修復的過程中所引起的反應就是發炎，醫學上的全稱為「急性發炎」。

然而，**當急性發炎無法排除，演變成慢性發炎時，就會引發各種嚴重的問題，**這也是本書將探討的主題。我們可以把急性發炎想像成大火，一般來說，及時搶救、趕緊撲滅就沒事了，但如果遲遲無法找出發炎原因，或是因為免疫系統失衡、年齡增長等，就會導致身體長期悶燒；**體內的免疫系統更會因此失調，並反過來攻擊你的身體**。

慢性發炎會使（原本不是攻擊對象的）健康組織也遭受攻擊，內臟更會因此遭到破壞，最終引發各種不同的生活習慣病（舊稱文明病，即糖尿病、高血壓等現代常見疾病），並加速人體老化。

此外，慢性發炎的可怕之處在於，**最初症狀並不明顯，幾乎無法察覺**。更糟糕的是，就算你真的在發病之後覺得哪裡怪怪的，但因慢性發炎而嚴重損傷的部位，大多都是些無法修復的症狀，即使就醫也很難治癒（例如癌症、失智症等，後段將詳述），相當難纏。

乍看之下毫無關係的疾病，其實都有共通點

心臟病、**腦中風**，是動脈硬化所引起的血管疾病。

癌症是基因受損而產生的疾病。

阿茲海默型失智症（**Alzheimer Dementia**），是腦部萎縮的疾病。

糖尿病是胰島素功能不足，導致血糖值居高不下的疾病。

異位性皮膚炎則是皮膚的疾病。

大家是不是也認為，各種疾病的原因都不相同，彼此之間互不相干？這就和平時至醫院求診一樣，心臟不舒服就看心血管疾病科；失智症就去神經內科或精神科；糖尿病找內科或內分泌科；異位性皮膚炎就看皮膚科等。各疾病的科別都不

同，負責看診的醫師也是採用不同的方式替病患治療。

然而，最近卻有研究發現，**乍看毫無關係的疾病，其實都和慢性發炎脫不了關係**。最具決定性的事實就是「氣喘治療法的演進」。專家們直到近半個世紀前才發現，**慢性發炎其實才是氣喘病的真正原因**。

時至今日，氣喘已被視為「支氣管持續慢性發炎」的疾病，不過，這也只是近五十年才廣為人們接受的事實。過去，人們知道的是，氣喘只會在氣管變得狹窄的時候發作，在一般的情況下，氣管便會恢復成正常狀態。因此，在一九六〇年代以前，氣喘一直被視為「原因不明，會使氣管反覆收縮的疾病」。為此，過去主要使用支氣管擴張劑治療氣喘，企圖針對收縮的氣管對症下藥。

後來又有研究發現，在沒有發生氣喘的期間，病患慢性的輕微發炎仍會一直持續，這是為什麼呢？眾人對此感到好奇，治療方法也隨之改變。醫界開始採用類固醇吸入劑（Inhaled Steroids）等消炎藥，並將治療焦點轉為「抑制發炎」。

在這之後，就像中了頭彩一樣，死於氣喘的人數頓時驟減，這種針對發炎症狀的治療法，也開始流傳到全世界。一九九五年時，日本國內死於氣喘的人數超過七千人之多；二〇〇〇年時，已下降至五千人；現在則不到兩千人。

由此看來，只要能找出上述疾患的根源（即慢性發炎）、調整治療方式，就可以將疾病連根拔除，拯救更多生命。

✔我治癒了「謎樣血管炎」的患者

以下我再舉一個有關慢性發炎的例子，最近有位女患者到我的診間求診，我為此留下相當深刻的印象。她帶著友人的介紹函，專程從大阪來到我位在東京秋留野市（編按：位於東京都西方）的診所。

那位患者從年幼時期便開始學習爵士舞，過了二十歲後，身體開始出現莫名的皮膚炎症狀，迫使她放棄了熱愛的舞蹈，目前從事辦公室的工作。

我看見她整雙腿遍布著隱約的紅紫色斑疹，因為討厭被人看見這樣的醜態而不敢穿裙子。就算想藉由跳舞釋放壓力，卻因為醫師交代跳舞可能導致症狀惡化而作罷，這件事令她相當沮喪。

慢性發炎若置之不理，可能引發重大疾病！

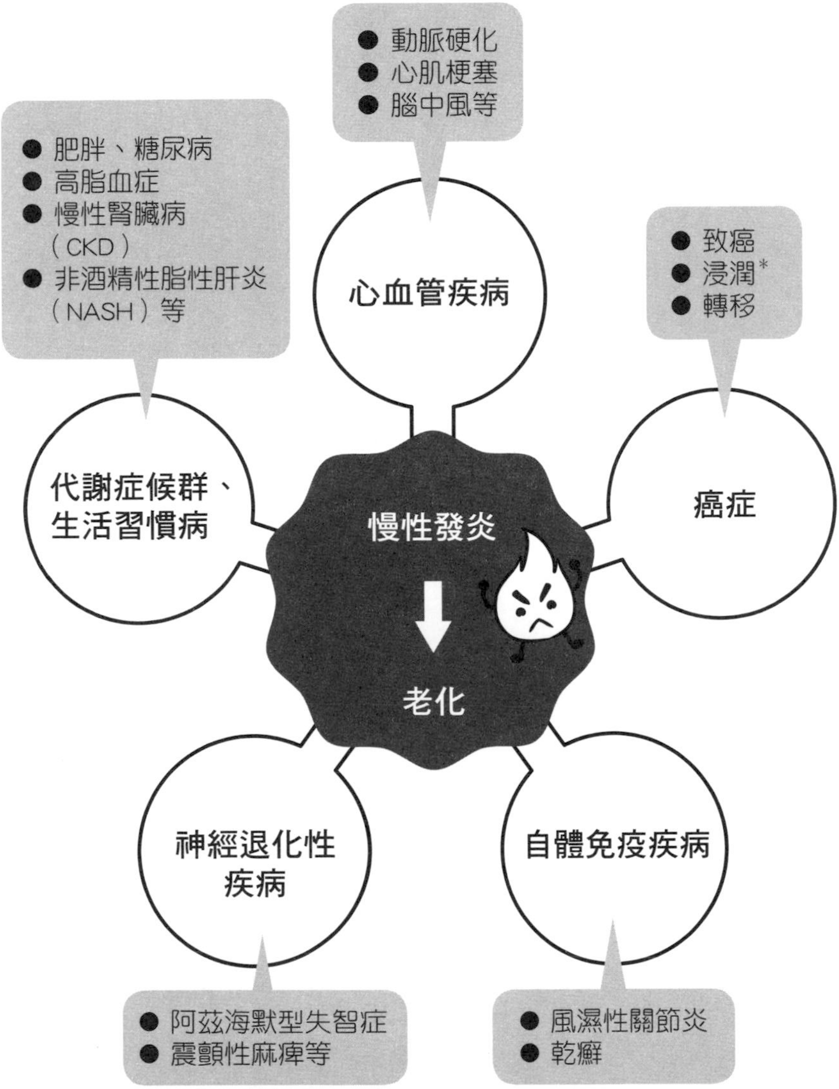

＊癌症浸潤（infiltration）指原本部位的癌細胞，經過若干年後，在適當條件下繼續發展，穿透基底膜、侵入固有層或粘膜下的表層，使病況更加嚴重。

據說，在來東京找我看診之前，她已經跑了八間醫院，在多位專家的診察下，確診為「多發性結節性動脈炎」（Periarteritis nodosa，簡稱PAN），並施以類固醇治療，但病情卻遲遲沒有好轉。於是她才從大阪遠道而來。

然而，我的專業領域是內科和心臟血管科（即血管或心臟專門），就連大阪那幾位擁有相關專業背景的研究所教授都無計可施了，身為門外漢的我還能做些什麼呢？

我的想法是，所謂多發性結節性動脈炎，是**血管壁莫名持續發炎的疾病**，簡直就是「謎樣的血管炎」。不過，這名患者都專程跑一趟了，我還是得盡自己所能協助她，於是我便**針對就醫和飲食方面的生活習慣提出建議**。

該名病患本身也很希望病情能有進步，所以她很安分地遵守醫囑。一年半之後，某天我突然想起她，心中念著「不知道她現在情況如何」時，她突然穿著裙子，從家鄉千里迢迢地來登門拜訪。她笑容滿面地說：「我的病情已經好轉了，今天特地來向醫師答謝！」

她的雙腿不光是隱約浮現的斑點變淡了許多，就連其他部位的肌膚、頭髮也都變漂亮了，甚至手腳冰冷的問題也改善了不少。據說這些體質的變化，在她**調整生**

活習慣的數月之後開始出現，十分令人感動。

☑稍加留意，就能避免慢性發炎在體內悶燒

為什麼這位病患能夠好轉？其方法和理由有以下兩個關鍵，我會在後續篇章中仔細說明：

◎避免接觸會引起發炎的物質。
◎多做能夠抑制發炎的事情（可從飲食及生活習慣調整）。

就是這麼簡單。以此患者的情況為例，她的皮膚問題是伴隨血管發炎而來的症狀，而慢性發炎正是血管老化的最大原因，同時也是許多疾病的共同病灶，因此，

著眼於發炎對症下藥，對各種疾病的預防與治療絕對有幫助。換句話說，**只要能夠提早抑制發炎，就能一口氣預防各種不同的疾病。**

我提供的方法非常簡單，不需要吃什麼昂貴的藥物，只要從日常生活中養成一些好習慣、並調整飲食攝取即可。就像我給這位女患者的建議一樣，任何人都可以輕易辦到。

讀到這裡，大家覺得如何呢？「咦？發炎有這麼嚴重嗎？」原本像這樣對發炎心存懷疑的人，現在是否能夠接受本書的主張了呢？以下是全書的結構說明：

第一章將向各位介紹，**慢性發炎如何產生**、**會有什麼影響**。

第二章將說明動脈硬化、癌症、憂鬱症和異位性皮膚炎等，**現代疾病和發炎之間的關係**。

第三章則會解說「**肥胖**」這個**致使慢性發炎持續擴張**的最大主因。

而在第四、第五章的「對策篇」中，我將具體說明如何**從日常生活中的習慣，有效抑制慢性發炎**。

雖然年齡增長所伴隨的不可抗拒因素，以及其他許多現代醫學無法解決的複雜問題，也是造成人體慢性發炎的原因，但還是有許多「可及時抑制的發炎症狀」，能藉由改善生活習慣而避免。

現代社會罹患癌症、憂鬱症、失智症、糖尿病等疾病的人之所以持續增加，就是因為人們身上都存在著（原本可及時撲滅的）發炎「火種」。慢性發炎就在這種神不知、鬼不覺的情況下，悄悄地、一點一滴地侵蝕我們的身體。

其實，持續埋下慢性發炎這顆火種的人，正是我們自己。大家回想看看，成天久坐、不運動、吃精緻食物、熬夜……你真的有很愛惜自己的身體嗎？**不當的飲食習慣**、**壓力**、**菸酒等**，**都會助長體內悶燒**。

本書將介紹能有效杜絕慢性發炎的具體方法，一切就從改變生活習慣開始，你一定會一天比一天更健康。

第1章

多病體質和健康寶寶差在哪？

——關鍵在於體內「慢性發炎」程度不同

1

發炎，也有好、壞之分

前言裡已簡單討論了何謂發炎，接下來將進一步詳細說明發炎究竟為何物。前面為了使大家更容易理解，引用了「蚊子叮咬後的腫脹、發癢」作為發炎的範例解說。除此之外，某天你若是在外活動較久，走路走得比平常還多，或是大量練習了平時不常做的運動，隔天或後天會有**肌肉痠痛**的現象，這其實也是發炎的症狀。

過去大家會把運動痠痛解釋為「因為有乳酸堆積在肌肉裡頭」，但現在最新的研究已經證實，這其實也是發炎的一種。正確來說，過度使用肌肉後引起的痠痛，其實是**有如筋膜斷裂般的運動傷害**，以及**乳酸製造出的氫離子**，使得肌肉呈現極度酸性所致。

那麼，為何肌肉痠痛總要等到隔天或更久之後才會出現？這樣的時間差是因為什麼呢？實際上，這些在短時間內大量從事完畢的劇烈運動，會造成肌肉纖維或周邊組織的輕微損傷，而**身體為了修復那些損害，會慢慢地引起伴隨疼痛的發炎現象**，這就是運動痠痛的真面目。

蚊子叮咬造成的紅腫、運動後的肌肉痠痛，都可視為發炎反應；此外，感冒時的喉嚨腫痛、身體各部位擦破皮、挫傷等，同樣也會引起發炎。當人體發炎時，通

急性發炎有四大症狀，慢性發炎則無

● 急性發炎

- 發紅
- 腫脹
- 疼痛（發癢）
- 發燙

（簡稱：紅、腫、痛、熱）

● 慢性發炎

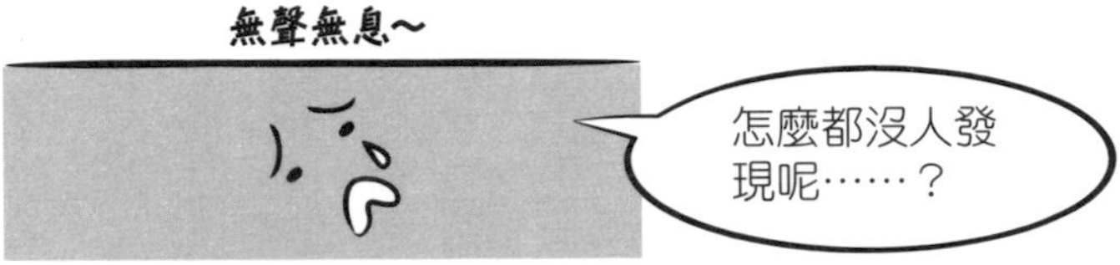

常會伴隨著發紅、腫脹、疼痛（發癢）、發燙等顯著症狀，並在瞬間突然出現。幸運的是，只要消除原因（通常需要一段時間），狀況就會立刻消失並恢復原狀。

提到發炎兩個字，大家聯想到的是不是就是這些呢？我還是要強調，**所謂發炎未必是壞事，大部分的情況下，發炎是人體為了保護自己的「自體免疫系統」反應之一**。然而，除了前述的發炎之外，還有一種發炎並不會出現紅、腫、痛、熱等明顯的主觀症狀（Subjective Symptoms），並長時間地持續對人體產生影響。

☑ 發炎本身無害，但若是慢性發炎就不妙了

簡單來說，我們可以這樣區分：**症狀會突然顯現、同時快速消退的（來得快去得也快），稱為「急性發炎」；另一方面，症狀不容易顯現，因此持續造成影響的，則是「慢性發炎」**。

本書的主題**慢性發炎，就是加速老化、導致各種疾病的根本原因**。有些慢性發炎是由急性發炎移轉而來；有些則是從輕微的發炎時，就沒能得到妥善治療，一直持續惡化，最後變得一發不可收拾。

慢性發炎在最初時，身體大多不會有任何不適的症狀，乍看之下似乎是好事，但正因為不易察覺，所以往往等到事態嚴重時才更加棘手。

2

無視悶燒（慢性發炎）蔓延，最後就會引發大火（重大疾病）

用失火來形容急性與慢性發炎，大家或許會比較容易理解。如果把急性發炎比喻為「突然猛烈竄起，卻能快速燃燒殆盡的大火」的話；慢性發炎則像是「持續悶燒的火種」。

大家回想一下，到野外烤肉、參加營火晚會時，當篝火燃盡之後，就算表面看起來已經熄滅，但深埋在內部的火種仍持續燃燒，若未能及早察覺，過了一段時間後，就會再次慢慢燃燒起來（死灰復燃），釀成意料之外的大火。

或者是，吸菸者以為香菸已經熄滅，而把菸蒂丟進垃圾桶，未能確實捻熄的菸蒂就這麼在裡頭燃燒，最終引發火災。

上述這些比喻都是因為「當下沒有冒出火光或煙霧，看似已然熄滅」，在人們未察覺的情況下引發的災禍。然而，**沒被看到，不代表沒在發生**，這些殘存的火種，會在你不知不覺之下，持續在內部悶燒。

慢性發炎就像這些沒能及時撲滅的火種一樣，即使沒有冒出火光及煙霧，仍不斷在體內蔓延。又因為**沒有任何紅、腫、痛、熱的主觀症狀可供辨識**，所以人們很容易無視這些潛在危機，自然也不會採取任何處置措施。

☑防患要趁未然，抗發炎也是同樣道理

「什麼症狀都沒有，不就代表沒事嗎？」或許有人會這麼想，實際上這是錯誤的觀念。以家中常見的插座為例，有時就連堆積在上頭的陳年灰塵，也可能成為起火原因。

你是否也曾經以為插座上的灰塵沒什麼大不了，因此懶得定時清理呢？（或者大家根本沒有察覺插座上有灰塵，畢竟這太枝微末節了。）慢性發炎也是相同的情況。如果你天真地以為這沒什麼大不了，或是完全沒有察覺自己體內有悶燒的情況，**原本輕微的發炎就會持續下去、慢慢地啃蝕身體**，最後導致器官纖維化、變硬，喪失原本的功能，進而引發重大疾病。

所以，慢性發炎就像插座上的灰塵一樣，會不經意地在日常生活中慢慢堆積，即使最初以為沒什麼大不了，當最後病魔來襲時，可是連城牆也擋不住。

總而言之，這些原本看似不起眼的小小火苗，總會在人們的疏失下慢慢悶燒。剛開始也許是冒出白煙（但你眼睜睜地看著它燃燒，以為不久之後就會熄滅，錯

了！），隨著時間的流逝，悶燒的範圍就會逐漸擴散，一寸一寸地燃燒至全身。

幸運的是，插座上的灰塵只要平日多留意、勤於打掃，就不至於堆積成足以引發火災的程度；慢性發炎也是一樣，只要在生活中及時察覺，就可以在釀成火災之前確實撲滅。（替身體滅火的具體方法，將會在第四、第五章說明。）

3

當慢性發炎在全身延燒……後果不堪設想

正所謂「星星之火，可以燎原」，無視慢性發炎在體內延燒，最終將引發各種嚴重疾病。一般人最熟悉易懂的案例就是**牙周病**。

牙周病正如其名，就是牙齒周邊部位的疾病。具體來說，就是支撐牙齒的骨頭（齒槽骨）或牙齦感染牙周菌，引起發炎現象。大家可能不知道，人類的嘴巴裡存在著數百種細菌，其中，造成牙周病的牙周菌，光是現在已知的種類就多達一百種以上，而且都很常見，所以**任何人都有機會感染牙周病**。

☑ 牙齦流血真的沒事兒？牙周病的真面目

上述這些會侵入口腔裡的牙周菌是「厭氧細菌」（Anaerobic Bacteria），牠們會尋求不容易接觸到空氣的空間，潛入牙齒和牙齦之間，名稱為「牙周袋」的溝槽內。如果刷牙不夠確實、無法有效去除牙齒周邊的髒汙，潛藏在牙周袋裡的牙周菌就會不斷增生，同時製造出名為「牙菌斑」（Dental plaque）的黏稠物質，持續深入牙齒根部。

當牙周菌和牙周菌製造出的毒素相互作用後，就會在牙齦處引起發炎，這就是牙周病的開端。只要平日多加留意，每天刷牙時確實去除牙菌斑，或是定期到牙醫診所洗牙即可，如果置之不理，發炎的範圍就會慢慢擴大。當發炎擴散至支撐牙齒的齒槽骨，齒槽骨就會開始崩解；崩解範圍超過一半之後，失去支柱的牙齒就會輕微搖晃。

如果到了這種程度你還是不理會，齒槽骨就會完全崩解殆盡，牙齦也會跟著萎縮，牙齒就會搖晃得更厲害。除了齒列不整之外，日常進食也更不易咀嚼，最後導致牙齒脫落。

據說牙齦從開始發炎，一直到牙齒脫落，大約要歷時十五～三十年左右。也就是說，只要在這段期間內及早察覺發炎現象，並將原因排除，就不至於造成牙齒脫落。甚至，只要在牙齦發炎的初期階段及時處置，就可以讓牙齒百分之百地恢復健康。相反的，當發炎擴散至齒槽骨之後，崩解的齒槽骨、萎縮的牙齦就再也無法恢復原狀了。

然而，許多患者都是直到齒槽骨受損到一半，甚至當牙齒開始搖晃後，才甘願前往牙醫診所就診。因為牙周病並不像蛀牙那樣會有明顯疼痛的症狀，所以往往容易被人們忽略。

剛開始，牙周病只是使牙齦邊緣變紅，在刷牙時造成輕微出血。這樣的零星火光，在持續悶燒了十年、二十年後，就會導致失去牙齒這個重要器官的「燎原大火」。各位不妨想像一下，這類發炎現象如果同樣發生在身體的各個部位，不是非常可怕嗎？

☑能否提早抑制慢性發炎，將決定你一生是否長壽健康

牙周病除了會造成牙齦出血、牙齒脫落之外，近年還因醫界發現其**與全身性疾病之間密切相關**而備受矚目，其中，最廣為人知的就是**糖尿病**。過去，大家都知道糖尿病患者往往會跟著罹患牙周病，同時也容易引發其他的重症，而最近的研究發現，兩者之間有著逆向的因果關係。

也就是說，**只要有牙周病的人，就很容易罹患糖尿病，甚至其他重症**。為什麼

呢？這是因為當牙齒周圍生成牙周菌之後，同時也會產生各種引起發炎作用的**介質（Mediator），這類介質會順著血液流遍全身，阻礙胰島素降低血糖值**。

動脈硬化也是相同的情況。世界各地已有許多報告指出，曾在動脈硬化患者的血管中發現牙周菌。換句話說，原本源自於**口腔的發炎，有很高的機率會演變成未來身體他處的發炎**。猶如熊熊大火中不斷飛濺的火花一般，只要在一個部位悶燒，就可能延燒至遙遠的某處，在另一處形成新的火場（見第四十一頁圖）。

源自口腔的發炎，
會持續延燒至全身各個器官，引發疾病

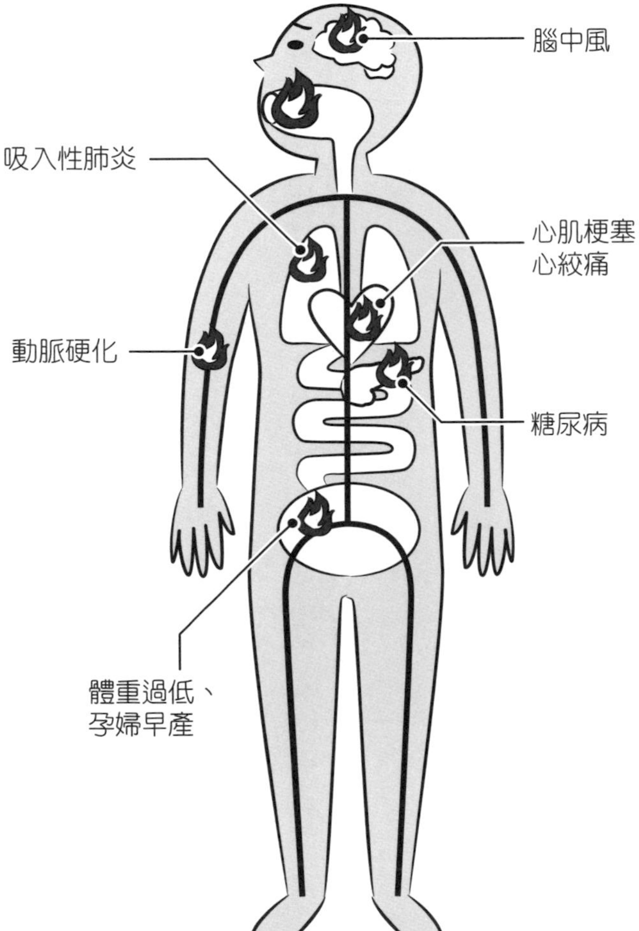

4

任何人或多或少都會「自燃」

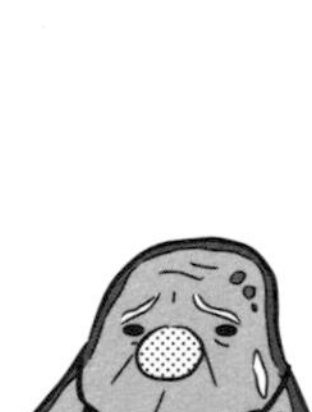

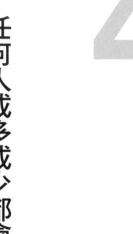

誠如前言說明過的，慢性發炎之所以會在體內持續燃燒，理由之一就是：**沒有在第一時間確實去除造成悶燒的「火種」**。那麼，什麼情況會衍生出慢性發炎的火種呢？其實，包含飲食、運動習慣、壓力、吸菸之類的日常行為中，都隱藏著引發人體「自燃」的原因（這部分我們會在第三章之後詳細說明）。

如果火種隱藏在日常生活裡，那麼，點燃這些火種的「燃料」，就可能在我們反覆做著相同（但有礙健康的）事情過程中，不斷不斷地被投進身體裡。許多人就是這樣把身體搞壞的。

另一種造成人體內部持續悶燒的原因，則是**風濕性關節炎或克隆氏症（Crohn Disease，發炎性腸道疾病，見第七十三頁）**等，這類肇因於慢性發炎的病症。但究竟這類病症為何會引起體內發炎，醫學界至今尚未查出原因。

明明體內沒有任何敵人（細菌或病毒），免疫系統卻自做主張地暴走、攻擊健康的細胞，因而引起發炎。嚴重時，甚至會引發一連串的連鎖效應，成為各種疾病的原因。

☑體內老化細胞太多，也會造成慢性發炎

最後，年齡增長也是慢性發炎的原因之一。

構成身體的全身細胞也有壽命期限。雖然許多細胞都會自行分裂、增生，但分裂的數量仍然有限（據說最多分裂五十～六十次左右）。當細胞經過分裂，達到「無法再進一步分裂」的極限狀態後，就會形成老化細胞；而這種**細胞分裂達到極限狀態的過程，就稱為細胞老化**。

值得注意的是，已經無法再進行分裂的老化細胞並不會馬上死亡，而會在原地滯留一段時間。這個時候，會發生什麼事情？

大家可能很難想像，老化細胞的周圍會分泌出大量促進發炎的物質（介質）。也就是說，**細胞老化同樣會造成體內悶燒**。

更不妙的是，就像催化劑一樣，當某個細胞老化時，周邊的細胞也會跟著同步老化，使發炎的範圍進一步擴大，進而引發各種疾病。

老化細胞會在體內引起發炎

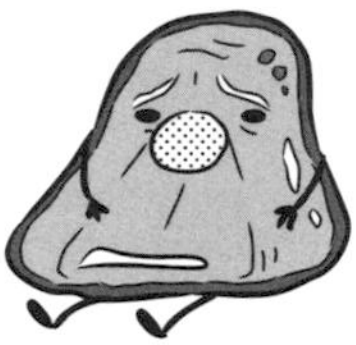

老化細胞

細胞老化後，會在原地滯留一段時間

↓

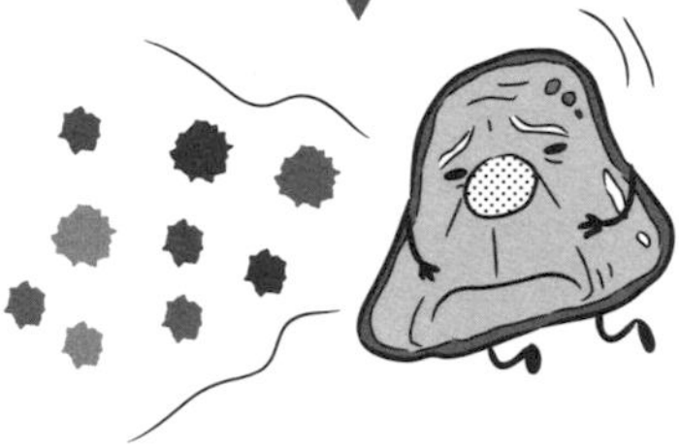

分泌出促進發炎的物質（介質）

↓

引起或加強體內的發炎反應

↓　　　　↓

加速老化　　**引起疾病**

5

為什麼有的人會反覆發炎？關鍵在於介質

這裡先簡單介紹一下，前文提到的「促進發炎的物質」（介質）究竟為何（更詳細的內容將會在第二章說明）。

介質的英文為 Mediator，原意是「仲介、媒介」；在醫學用語中，則指在細胞之間傳遞資訊的「傳遞物質」（Transmitter）。就像是細胞會對介質發出「來做這個」、「去做那個」的命令那樣，大家先有這樣的概念即可。

☑ 介質一旦失衡，免疫系統就會失常

與發炎息息相關的介質有很多種類，但大致可分為「引起發炎」與「抑制發炎」這兩種類型。大家還記得嗎？發炎本來就是身體所需要的反應，所以人體必須具備可引起發炎的介質；於此同時，如果抑制發炎的介質不夠充足，發炎症狀就無法消停。因此，兩者必須相互合作，彼此不可欠缺。

也就是說，當引起發炎與抑制發炎兩種介質失去平衡，只剩引起發炎的介質不斷單方面發出命令時，人體的免疫系統就會開始失常，並造成體內悶燒。

6

抗發炎，就是在抗氧化

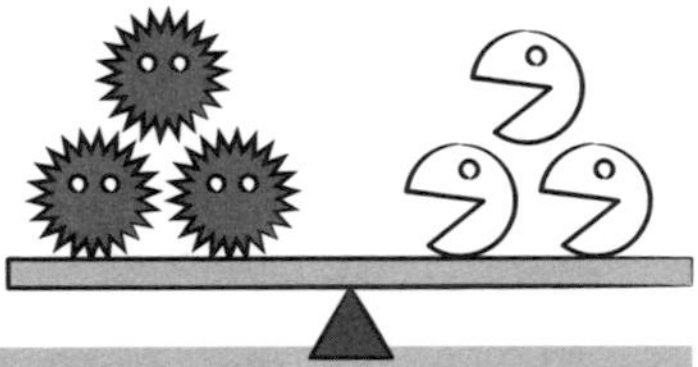

說到身體老化，或許有人會聯想到**氧化**。很多人都知道「抗老的關鍵就是抗氧化」。但如果有人問我：「既然抗氧化和抗發炎都與人體老化有關，那麼，哪一種比較重要？」我會回答：「兩者同樣重要。**抗發炎，就是在抗氧化。**」

這是為什麼？因為發炎和氧化之間就像「雞生蛋，蛋生雞」那樣，彼此有著密不可分的關係。

☑蘋果發黃、鐵塊生鏽都是氧化

在此我們先說明一下何謂氧化。所謂氧化，是物質和氧氣結合後的化學反應。削皮後的蘋果表面，會隨著時間流逝而變成茶色；鐵製品暴露在潮濕的空氣中、或是泡水之後生鏽，都是因為氧化的緣故。

同樣的，**人體也會因為氧化作用而使細胞產生變化，進一步形成老化**。隨著呼吸進入身體裡的部分氧氣，會在體內產生化學變化，轉變成**活性氧（Reactive Oxygen Species，簡稱ROS）**，而活性氧是氧化力更為強大的氧氣。

活性氧強大的氧化力，正是免疫細胞與敵人（侵入體內的細菌或病毒等有害物質）作戰時的武器，因此，**人體其實必須具備一定份量的活性氧才能自保**。但活性氧一旦增加過多，就會對體內的細胞造成傷害。

值得慶幸的是，人體同時也具備了抑制活性氧的能力，也就是所謂的**抗氧化力**。其中最具代表性的就是**SOD酵素（Superoxide dismutase，超氧歧化酶）**，可去除多餘的活性氧，或是使其變得不具毒性。

每個人體內都有ＳＯＤ，所以就算活性氧不慎增加過多，在某種程度下，仍不會造成問題。然而，當活性氧因為發炎、壓力或長時間暴露在紫外線下等因素而過量，或抗氧化力因年齡增長等原因而衰退時，**人體就無法處理超出能力範圍的氧化作用，體內各處更會因這些無法被抑制的活性氧而遭受損害。這種問題稱為氧化壓力（Oxidative stress）**。

氧化力和抗氧化力的蹺蹺板

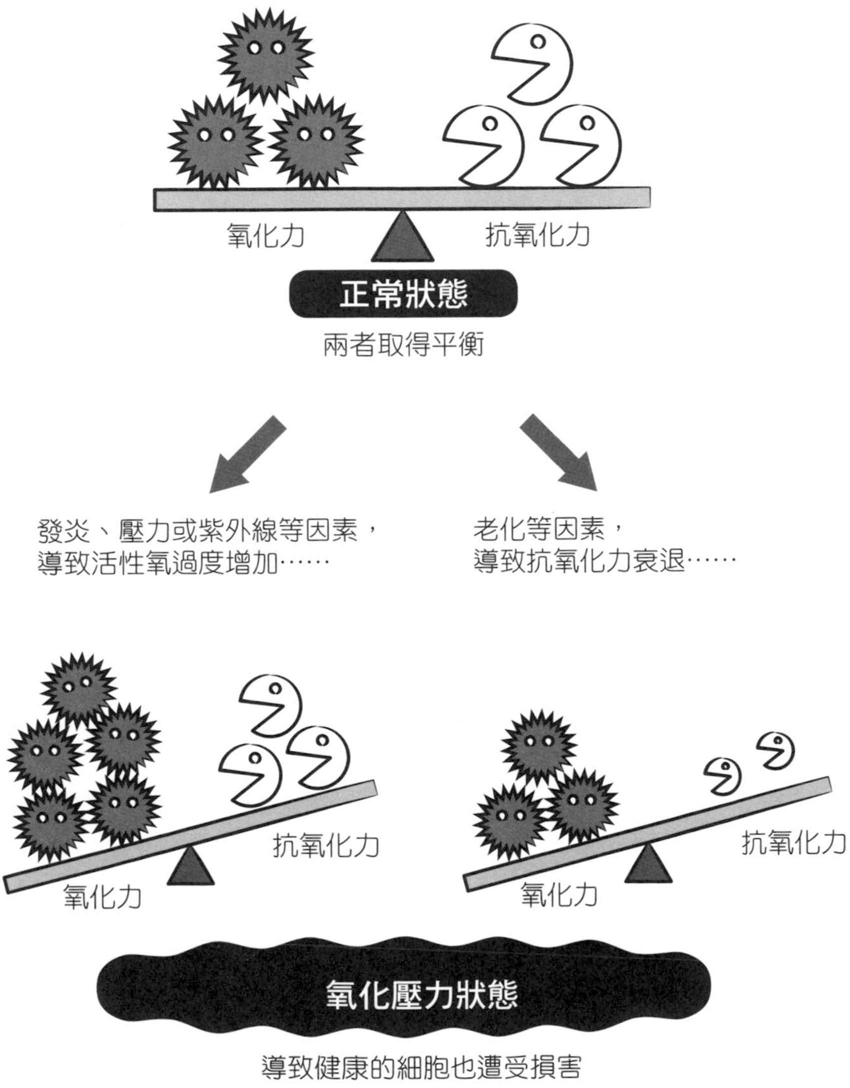

☑氧化和發炎幾乎是同時發生

前文提過，所謂發炎原本是「去除致病的因素，使身體恢復原始狀態」的自體免疫反應。這裡的「致病因素」可大略分成「源自體外的異物」和「受損的體內細胞」兩種，源自體外的異物不難理解，以下針對受損的體內細胞說明。

氧化壓力會造成體內細胞受損，而這些受損的細胞正好是該被去除的對象，這就會誘發人體出現發炎反應。因此，我們可以這樣理解：**當氧化壓力發生時，就像是敲擊打火石蹦出的火花一般，會同時成為引起發炎的契機**。

另一方面，當人體發炎時，就會產生活性氧，並破壞體內抑制細菌或病菌的免疫機制（**且發炎現象若越是拖延，體內的活性氧量就越多**）。也就是說，不論是「氧化↓發炎」，或是「發炎↓氧化」，兩者其實幾乎是在同一時間相繼發生，且會成雙成對地出現，不斷地惡性循環。

當活性氧開始傷害細胞（氧化），就會引起發炎

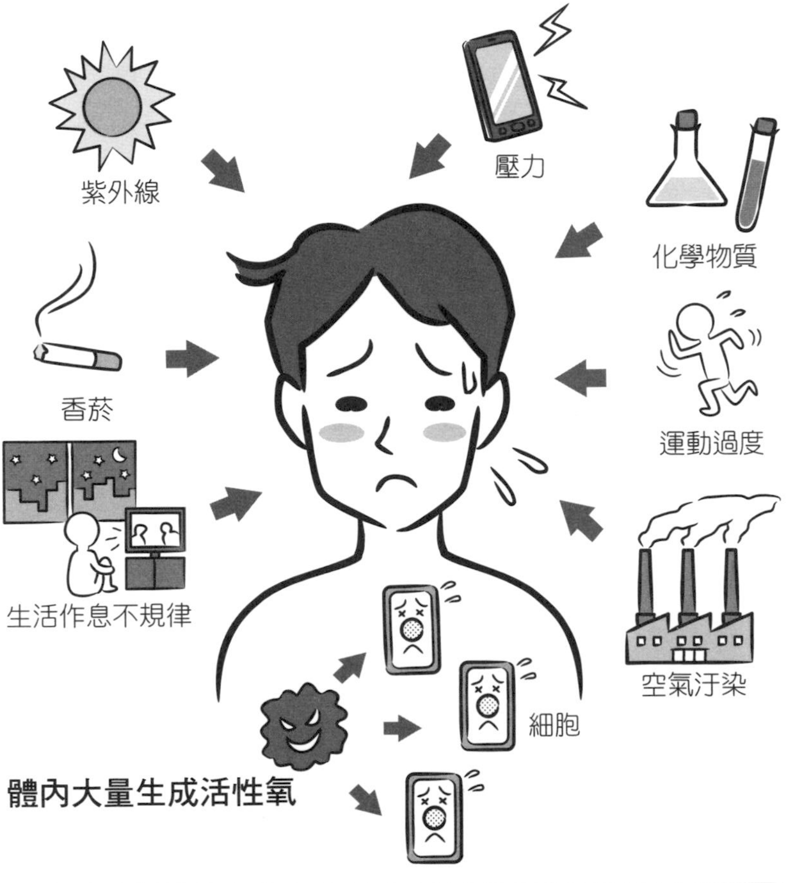

活性氧造成細胞損傷，使體內呈現發炎狀態

↑ 一再重覆、持續擴張的惡性循環 ↓

活性氧會從引起人體發炎的那一刻開始產生

☑氧化、糖化、發炎三大反應，加速人體老化

順道一提，大家有沒有聽過「糖化」（Saccharification）這個詞呢？

所謂「糖化作用」（Maillard Reaction，或稱為梅納反應），指的是葡萄糖（源自醣類的分解物）和蛋白質結合後，導致蛋白質變性、產生老化物質（Advanced Glycation End Products，簡稱 AGEs，糖化終產物）的反應。

日常生活中過度攝取醣類，是導致身體糖化的主要原因。這些多餘的醣類和體內的蛋白質結合後，會在體溫的加熱之下引起糖化。更可怕的是，這些被製造出來的老化物質（AGEs）會蓄積在身體裡面，和脂肪一樣很難甩掉。

糖化不僅會導致肌膚鬆弛、出現皺紋，同時也會提高罹患疾病的風險。另外，糖化所產生的 AGEs 也會生成活性氧、造成氧化壓力，最終成為引起發炎的契機。

換句話說，氧化、糖化都是引起發炎的原因。而上述三種現象都應該盡可能迴避，想維持健康，就得致力於抗氧化、抗糖化、抗發炎。

氧化、糖化、發炎的相乘作用下，人體就會加速老化

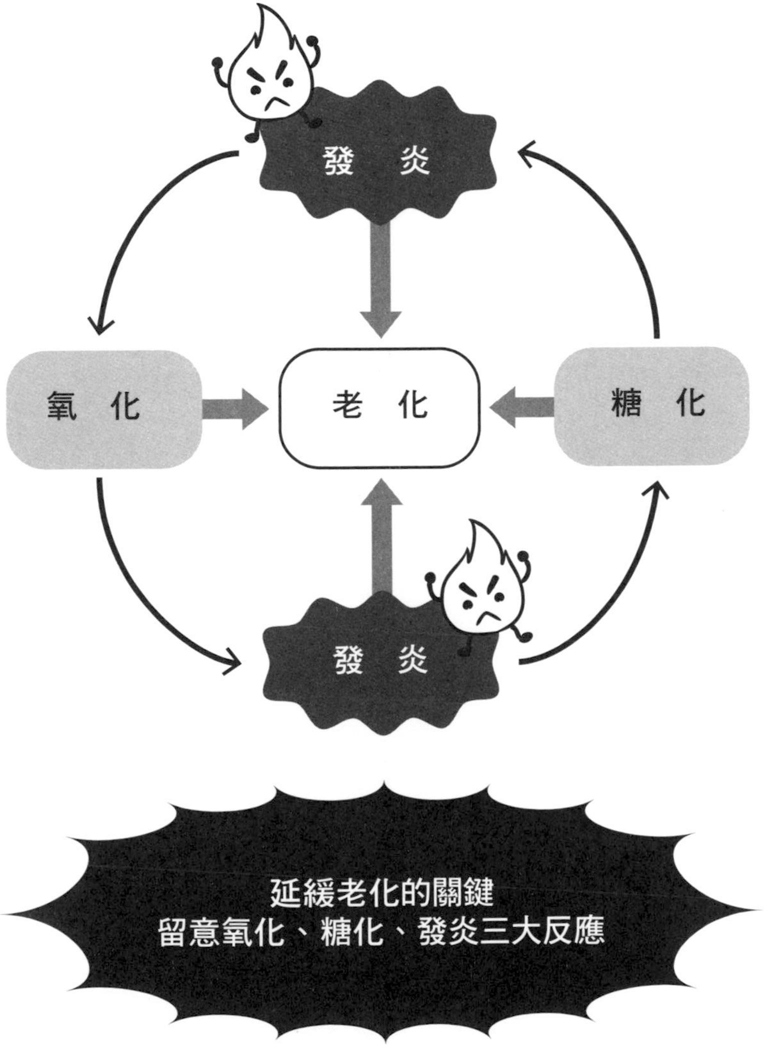

7

健檢報告要看哪個數值，才能確認體內發炎程度？

經過前面的說明，相信大家已經明白，持續悶燒的慢性發炎會慢慢啃蝕身體，最終引發嚴重疾病，也了解抗發炎對於維持健康有多麼重要。

坦白說，多體驗挫折、失意等人生的必經之路，或許能成為未來成長的原動力。但若是攸關健康的問題，這類的失敗經驗最好能免則免。

讀到這裡，各位應該很想發問：「那麼，我該如何知道自己的身體有沒有在悶燒呢？」很遺憾，目前尚未出現可作為判斷標準的檢查方式。

不過，還是有個可當作線索的數值，能用來判斷人體內的發炎程度，那就是**從「高敏感度 C- 反應蛋白質」**（C-reactive protein，C- 反應蛋白，以下簡稱 CRP）**判別**。人體在發炎時，肝臟會製造出幾種蛋白質，隨著血液運送到全身，這些蛋白質統稱為 CRP。一般健康檢查的血液抽樣中都有 CRP 這個項目，但因為標示單位和血糖或膽固醇等常見數值不太一樣（應該多數人都看不懂），所以很少有人會特別留意。

大家手邊如果留著最近一次的健康檢查報告，請務必拿出來確認一下。CRP 的評估標準如下：

◎0.30 mg／㎗　以下　標準範圍

◎0.31～0.99 mg／㎗　須注意

◎1.00 mg／㎗　以上　異常

慢性發炎的安全判斷，要比標準範圍再低一點

在一般的臨床醫療上，**CRP被視為急性發炎的判斷標準**。因為當身體的某處有急性發炎時，CRP數值就會瞬間飆高。例如，即使平時CRP趨近於0的人，光是罹患輕微的感冒（屬急性發炎），該數值也有可能會飆升至異常範圍。

然而，由於慢性發炎是悶燒，而非忽然出現的大火，所以CRP值通常不會突然飆高至異常程度（1.00 mg／㎗以上），而是**在「標準範圍」的高標值時就須注意**。就以0.30mg／㎗為例，雖然仍在標準範圍內，但相較之下，還是0.01mg／㎗這種趨近於0的數值會比較令人安心。

此外，ＣＲＰ檢測可分為「一般ＣＲＰ檢查」和「高敏感度ＣＲＰ檢查」兩種。傳統的一般ＣＲＰ檢查沒辦法檢測出0.1mg／㎗以下的數值，因此無法掌握悶燒型的輕微發炎。幸好隨著檢測技術進步，敏感度超出一般ＣＲＰ檢查百倍的「高敏感度ＣＲＰ」問世，現在醫界已經可以檢測出0.01mg／㎗的數值了。

一九九九年，美國食品藥品管理局（ＦＤＡ）把高敏感度ＣＲＰ檢測法認定為動脈硬化（慢性發炎疾病）的指標。近年來，一般的健康檢查也開始利用高敏感度ＣＲＰ評估心肌梗塞等冠狀動脈疾病的風險。具體來說，**只要檢測數值達 0.20 mg／㎗以上，罹患冠狀動脈疾病的風險就會比較高**。

話雖如此，由於感冒、受傷或牙周病等疾病，都會導致ＣＲＰ數值攀升，所以光是從ＣＲＰ指數判定體內的悶燒程度仍有欠周延。但若是患有生活習慣病（即文明病）的讀者，還是建議多留意這個數值，藉此作為判斷動脈硬化風險的標準。

8

為了持續享受人生到最後一刻，你得留意這些

慢性發炎是各種疾病的根源，這是無庸置疑的事實，而**體內持續悶燒的人，則有壽命較短的傾向**。

慶應義塾大學醫學部的百壽綜合研究中心和英國新堡大學所做的共同研究發現，「八十五～九十九歲」、「一百～一百零四歲」、「一百零五歲」，不論是哪一個年齡層，**若以ＣＲＰ數值作為發炎指標標準，此數值越高者，越容易比數值低的人還早死亡**。

此外，該研究同時也調查了認知功能與日常生活的自理程度，不論是哪個年齡層，**發炎指標較低的人，認知功能和日常生活的自理程度都比較高**。

☑能否活得健康、長壽的分歧點

從這個結果可推測出，**體內無悶燒狀況的人不僅壽命較長，健康狀態也比他人還要好**。也就是說，沒有慢性發炎的人，比較能夠活得健康、長壽。

總而言之，慢性發炎引起的體內悶燒，會在你一無所覺的情況下持續發作。為了避免星星之火變成燎原大火、壽命縮短……大家還是趁著體內只是悶燒的階段，就確實滅火吧。

第六十三～六十四頁是簡單的「體內發炎度」檢查表，可以立即評估你的健康狀況，請各位試著檢測看看。

超簡單「體內發炎度」檢查表，
立即檢測健康狀況

● 飲食習慣

- □ 比起吃魚，更愛吃肉。主菜以肉類居多。
- □ 愛吃甜食、必吃宵夜。
- □ 常吃炸物、熱炒、速食、零食。

● 生活習慣

- □ 不喜歡走路。
- □ 坐的時間比較長。
- □ 有吸菸習慣。
- □ 容易焦慮，壓力大。
- □ 只用牙刷刷牙，沒用牙線或齒間刷。
- □ 經常便祕或腹瀉。

● 健康檢查數值

- ☐ 比 20 歲時胖了 10 公斤以上
- ☐ 血糖值偏高。
- ☐ 膽固醇值偏高。
- ☐ CRP 值偏高。

● 整體狀況評估

- ☐ 不論睡得再久，還是覺得疲累。
- ☐ 患有牙周病。
- ☐ 經常腹痛。
- ☐ 皮膚有異常現象。
- ☐ 容易情緒低落。

判斷結果

0 個	現階段安心無虞。
1～9 個	再繼續下去，就有體內悶燒的可能。
10 個以上	危險！你的身體很可能已經持續悶燒了。

第2章

從疾病類別看體內發炎：人為什麼會生病、痊癒？

——生活小毛病、過敏、癌症的背後都是慢性發炎

1

動脈硬化

從血管內部的小傷口開始引起慢性發炎，如果就這麼持續悶燒，某天就會引發心肌梗塞或腦中風。

前言曾經提到，不論血管老化（動脈硬化）、癌症、憂鬱症、阿茲海默型失智症、糖尿病，或是異位性皮膚炎，這些**現代常見的疾病，幾乎都和慢性發炎有關**。因此本章將替各位逐一介紹，各種疾病和發炎有什麼樣的關聯。

首先，本節要和大家談談**動脈硬化**。動脈硬化的原因是什麼？血壓偏高的人，容易罹患動脈硬化；血糖值偏高的人，也容易引起動脈硬化；血液中的壞膽固醇（LDL膽固醇）偏多的人，同樣是動脈硬化的好發族群。

上述的論點都沒有錯，但若再向上追溯原因：「為什麼高血壓、高血糖、脂質代謝異常（高膽固醇），就容易引發動脈硬化呢？」現在專家們已經確定，原因就出在發炎。

最近，醫學界認為**「所謂動脈硬化，是血管壁持續發炎的狀態」**。換句話說，悶燒型的慢性發炎，**正是動脈硬化的真正原因**。

☑動脈硬化的四個階段

大家讀到這裡或許還是一知半解，接下來我就依序說明，動脈硬化究竟是如何形成的。一般來說，可分為四個階段。

①血管內皮細胞的障礙，以及單核球（Monocyte）的侵入

動脈硬化最初的契機，是**血管的內側損傷**。血管最內側的「內膜」表面，有種名為「血管內皮細胞」的細胞呈片狀緊密排列，血管內皮細胞在控制血液或血管功能的同時，還可從血液裡吸收必要的物質。

當血管內皮細胞受損，便會陸續分泌出**引起發炎的介質（傳遞物質）**，接著，**一種名為「單核球」的白血球（免疫細胞），就會附著在血管內皮上面，從內皮細胞的縫隙侵入血管壁的內側**。

此時，從內皮侵入血管壁的單核球，會變化成為貪婪吞食異物的「巨噬細胞」（Macrophages）。

② 異物的侵入

另一方面，血管內皮細胞受損、防禦功能變得衰弱後，外界異物就更容易侵入血管壁內。最具代表性的異物就是血液中多餘的**壞膽固醇**。壞膽固醇潛入血管壁的內側後，會被活性氧氧化，變成**「氧化LDL膽固醇」**。

③ 免疫系統啟動

當LDL膽固醇轉變成氧化LDL膽固醇之後，保護身體的免疫系統會將其判斷為異物，並採取攻擊行為。

白血球是人體內最重要的免疫細胞，單核球也是白血球的一種，當它變化成巨噬細胞後，就會像阿米巴原蟲（Amoeba）那樣，在自己的體內狙擊病

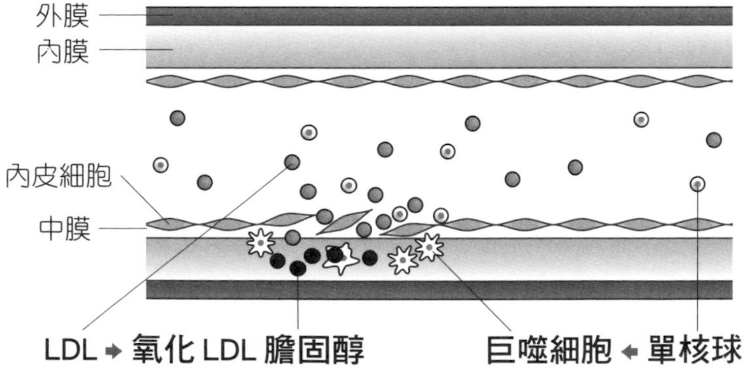

原菌等異物，以保護我們的身體。**但壞就壞在，巨噬細胞會把氧化ＬＤＬ膽固醇當成異物處置，不斷將之撲滅、吞噬。**

④吞噬異物至極限的免疫細胞破裂、蓄積

當巨噬細胞吞噬氧化ＬＤＬ膽固醇到了極限之後，就會變成名為「泡沫細胞」（Foam Cell）的脂肪腫塊，蓄積在血管壁的內部，最後就像腫瘤般隆起。

於是，這些腫起的脂肪塊，就成了血管壁的內側的斑塊。

☑預防猝死，你該知道的事

從前面一連串的流程便可得知，所謂的動脈硬化

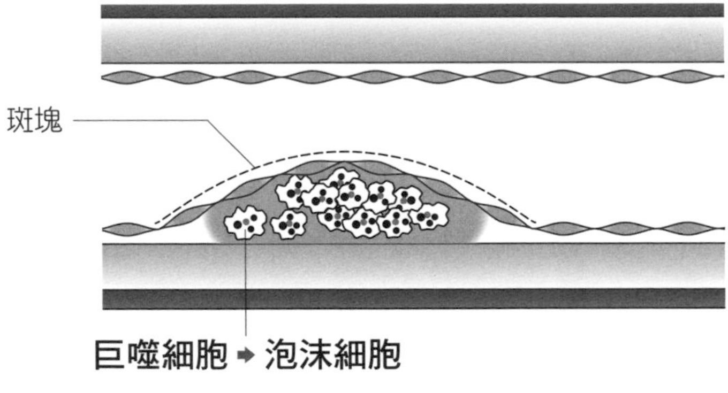

指的是，血管內皮細胞受損後，引起**免疫細胞和氧化ＬＤＬ膽固醇戰鬥**；後續的發炎反應則是為了排除氧化ＬＤＬ膽固醇，這類對身體而言的異物，結果引起血管內部的腫塊堆積。

然而這一切的源頭，仍出自於**因年齡增長、高血壓、高血糖和高膽固醇等症狀引起的慢性發炎**。血管裡面流動著源源不絕的血液，當血液流動速度過強（血壓過高），或血液中含有多餘的糖分或膽固醇（高血糖、高膽固醇）時，位於血管最內側的內皮細胞就會受損。如果沒有盡早排除這些原因，內皮細胞就會一直碰上障礙，血管壁的悶燒狀態也不會停止。

高血壓、高血糖、高膽固醇這類病症之所以難纏，最主要的原因在於，**引起慢性發炎的火種，同時也是使發炎持續的燃料**。如果血管中的斑塊形成後未能及時處理，你仍毫無警覺地持續投入燃料、放任悶燒，斑塊就會在血管內部仍不穩定的狀況下持續存在。

最後，斑塊就會像中華料理的小籠包那樣，呈現**內部極為柔軟，覆蓋的皮膜極為輕薄且容易破損的狀態**。然後，當斑塊因某種刺激而破裂時，血液裡的血小板就會為了止血而聚集在該處，形成名為「**血栓**」的血塊。

血栓變大之後，就有可能阻斷血液流動，或是順著血液循環被搬運到其他場所，使該處的動脈產生堵塞。**如果堵塞的部位是心臟的血管，就會引起心肌梗塞；如果是腦部的血管，則會引起腦中風。**

總而言之，血管內皮的小損傷所造成的發炎，會在沒有半點疼痛或不適感的情況下持續發展，最後演變成心肌梗塞或腦中風等，各種致死率極高的嚴重疾病。

現階段，醫學界已將動脈硬化視為因慢性發炎引起的疾病，並積極推動全新的診斷方法，與治療藥物的研究與開發。

2

腸炎、大腸癌、潰瘍性大腸炎、克隆氏症……

飲食過量或生活習慣不佳，都會導致腸道悶燒；當腸道出了問題，就會提高罹患全身性疾病的風險。

腸道是人體當中，**最容易發炎（以及老化）的器官**。

大家都知道，腸道是食物從口腔進入體內後的聚集處，同時也是最容易囤積有害物質等毒素的場所。如果一次把大量的食物送進肚子裡（暴飲暴食），或是連續不斷地狂吃零食、點心，胃部就會來不及處理，於是，食物就會在沒有被充分消化的狀態下，被送進腸道裡面。

腸道內的壞菌（Bad Bacteria）會分解滯留在腸道內的未消化物，但於此同時，也會產生有害的物質或氣體等毒素。腸道會把這些毒素視為異物，並為了保護腸壁而展開攻擊，於是引起腸道發炎。

其實不光是**暴飲暴食**，其他像是**睡眠不足**、**生活習慣不佳**、**壓力過大**，甚至**年齡增長**等原因，也會導致腸道發炎，若遲遲未能治癒，就會演變成慢性發炎，腸道細胞屢遭破壞，**最後成為各種生活習慣病**。

腸道慢性發炎的可怕之處在於，**體內約七成的免疫細胞**都聚集在腸道裡，因此一旦出了問題，不僅對免疫功能的影響極大，**同時也會形成過敏原因**，也有較高的機率罹患腸炎或大腸癌。

另外，在腸道把食物養分等對身體有益的物質運送至全身時，那些有害的物質也會從腸道傳送至人體各處。

一般來說，腸道內緊密聚集的「上皮細胞」會保護腸壁，避免多餘的物質侵入腸壁內側。然而，當腸道內部的狀態失衡、引起腸壁發炎後，上皮細胞的防禦就會潰堤，對身體有害的物質就會侵入內側。

這樣一來，腸道內所增加的有害物質、悶燒所引起的火花（指引起發炎的介質），就會穿過腸壁，進入血管，使全身多處開始悶燒——**這些飛濺的火花會四散至肝臟、心臟、胰臟、腎臟等各個部位，進而引起嚴重的疾患。**

舉個例子，如果火花飛濺到胰臟，就會減少胰島素的分泌，引起糖尿病；血管一旦開始悶燒，就會引起腦中風或心肌梗塞等致命性重病……更嚴重的是，甚至連腦部疾病或癌症等全身性疾患，都可能源自於腸道內的悶燒。因此，預防腸道慢性發炎可說是常保健康的關鍵。

☑就連安倍首相也得過的罕見腸病

在二〇一六年所做的全國調查中，罹患「潰瘍性大腸炎」（Ulcerative Colitis）的患者有二十萬人；「克隆氏症」的患者則有七萬人。過去，兩種疾病都被稱為罕見疾病，但現在已相當普遍了。

潰瘍性大腸炎、克隆氏症的共通點是，**兩者都是腸道黏膜出現慢性發炎所引起的疾病**。由於產生發炎的原因不明，這兩種病都被視為難治（但非不治）之症。另外，在醫學上，潰瘍性大腸炎或克隆氏症，這類因腸道發炎所導致的疾病，一般通稱為「**發炎性腸道疾病**」（Inflammatory Bowel Disease，簡稱ＩＢＤ）。

潰瘍性大腸炎肇因於大腸黏膜糜爛（潰爛）或潰瘍（比糜爛更嚴重）。就連日本的安倍晉三首相也曾罹患潰瘍性大腸炎，因此，知道此種疾病的人應該不少。潰瘍性大腸炎往往伴隨著腹瀉或腹痛，且病期拖得相當長。病患有可能在二十歲左右時發病，儘管病症時好時壞，但發炎情況往往會持續許多年。

另一方面，克隆氏症和潰瘍性大腸炎相同，同樣是在年輕時期發病，病症拖延難纏之餘，腸道一樣會持續發炎。但克隆氏症比較麻煩，其發炎部位往往不僅止於大腸，從嘴巴到肛門之間的消化道，都可能出現發炎或潰瘍，這部分和潰瘍性大腸炎不大相同。

此外，潰瘍性大腸炎是在腸道黏膜（最內層）發生糜爛或潰瘍，相對於此，克隆氏症則會在腸道內的所有部位（所有層次）出現發炎症狀，這部分兩者也不一樣。那麼，為什麼這兩種原為罕見的發炎性腸道疾病，現在會這麼常見呢？醫學界仍在研究直接原因，但至今仍尚未明朗。有人認為，**遺傳性（體質）、飲食或壓力等方面的生活習慣、腸內環境失衡**等錯綜複雜的因素，都是導致發病的原因。

✔「2：1：7」健康法則

雖然不論是潰瘍性大腸炎或克隆氏症，迄今仍有許多尚不清楚之處，不過，從以前就有研究指出，**大量攝取水果、蔬菜或纖維質含量較高的食物，有利於降低兩種病症的發病風險**。最近公開的國內研究報告也指出，多吃**橘子或草莓、蒟蒻、香**

菇等蔬果，可以減少患病機率。因為這類食材含有豐富的食物纖維。

大家都知道食物纖維有益身體，但更具體來說，其原理是因為**食物纖維是腸內益菌（Good Bacteria）的養分來源（見第八十頁圖），可增加體內好菌，減少壞菌和有害物質**，所以有利於身體健康。

此外，前文曾提到「腸內環境平衡」，換句話說，就是腸內細菌的益菌和壞菌必須平均分配。平時棲息在腸道裡的細菌數量多達一百兆～一千兆個。這些細菌可分成三種，分別是對身體有利的益菌、對身體有害的壞菌，以及非歸屬於任一種的「伺機菌」（Opportunistic Pathogen），而**益菌：壞菌：伺機菌的最佳比例是2：1：7**。其中不好也不壞的「伺機菌」（簡單來說就是牆頭草型，會站在數量較多的那一方）占最多比例，同時，**益菌比壞菌更多，便是狀態最平衡的腸內環境**。

☑秋葵、芋頭等黏滑類的食材能守護腸道

那麼，大家平時還能做些什麼，以維持腸內環境平衡呢？

我之所以建議大量攝取富含食物纖維的食物，是因為食物纖維可使腸內環境維持平衡，減少壞菌所製造出的有害物質，達到**抑制發炎**的效果。

當腸內壞菌太多，氨或硫化氫等對身體有害的物質就會增加，容易使腸道悶燒。說到身邊最常見的案例，應該就是**便祕**了。原本應該排至體外的廢棄物（糞便）如果滯留在體內，就會在腸道內腐敗、使得壞菌增加，這些有害物質便會持續影響健康。偶爾便祕也許不礙事，**但經常性便祕的人，或許不光是腸道在悶燒，在發炎介質的傳送下，搞不好連血管，甚至全身都已成了未來的火場。**

誠如大家所知，食物纖維有助於消解便祕。尤其更要注意攝取**水溶性食物纖維**。例如秋葵、芋頭和滑菇（珍珠菇）等黏滑類食材，以及蒟蒻、海藻類、酪梨、無花果等，都是含有豐富水溶性食物纖維的代表性食材。

另一種類型的**非溶性食物纖維**，會在吸收水分後膨脹、增加糞便量，並刺激腸壁、促進腸道的蠕動，但如果你本身已有便祕問題，吃太多非溶性食物纖維反而可能使阻塞情況更加嚴重。

食物纖維是益菌的養分來源

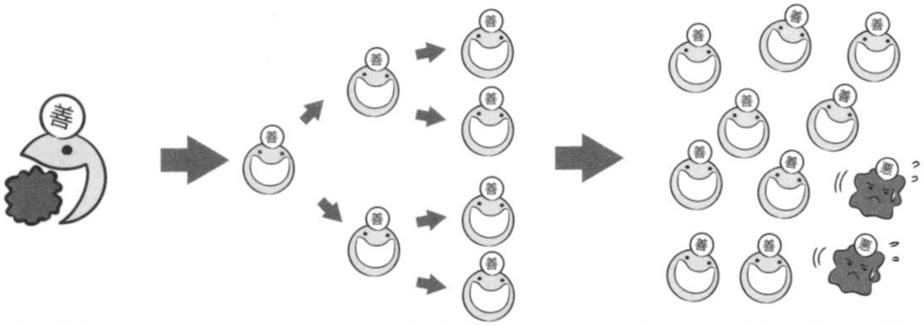

食物纖維是腸內益菌的養分來源　　益菌增加　　益菌可抑制壞菌增殖，減少有害物質

當腸道內的益菌數量占優勢，就可調整腸內環境，血液會變得清澈、免疫力提升、肌膚更漂亮，體態也會變得纖細，可說是好處多多！

理想的腸內細菌比例

益菌　　壞菌　　伺機菌

2 : 1 : 7

＊當益菌居於優勢時，伺機菌對益菌無害。但當壞菌居於優勢時，伺機菌就會變成壞菌的夥伴，所以讓體內益菌維持多數相當重要。

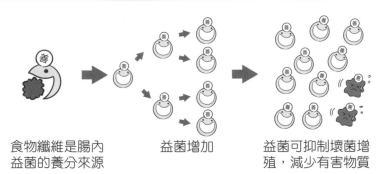

3

癌症

慢性發炎會提高ＤＮＡ複製錯誤的風險，在這樣的情況下，體內就很容易產生癌細胞。

說到癌症，大家應該都很清楚，癌症迄今仍位居人類死亡疾病排行榜之首。據說全日本平均每兩人就有一人罹患癌症，每三人就有一人死於癌症。但大家可能不知道，**只要你體內某處正慢性發炎，就很容易罹患癌症，惡化速度也會變快**。

最明顯的病例，就是**幽門螺旋桿菌（Helicobacter Pylori）所造成的胃癌，以及C型肝炎病毒或B型肝炎病毒造成的肝癌**。

感染幽門螺旋桿菌後，其製造出的氨除了會中和胃酸、破壞黏膜之外，也會產生活性氧或毒素等有害物質，**在胃部的黏膜處引起發炎；發炎的症狀若長時間持續，就會導致胃癌**。從各種統計資料中已經得知，只要去除幽門螺旋桿菌、抑制發炎，就能降低罹患胃癌的風險，所以胃癌可說是因發炎所引起的癌症。

肝癌也一樣，一旦長時間感染C型肝炎病毒或B型肝炎病毒，肝臟的細胞就會發炎；當發炎症狀慢性化之後，就會轉變成肝硬化、肝癌。**據說肝癌的原因，有九成都是因為感染這類病毒引起的發炎所致**。甚至，近年來隨著肥胖人口的增加，在全球各地急遽攀升的**非酒精性脂性肝炎**（Non-Alcoholic Steatohepatitis，簡稱NASH），同樣也有造成肝硬化或肝癌的風險，因此備受醫界關注。

☑ 發炎總在發癌前

除了胃癌或肝癌這種「先因病菌感染，導致後續發炎」的癌症外，也有許多因為**反覆發炎**而致癌的病例，最典型的病例就是**食道癌**。

導致食道癌最明確的原因，就是香菸和酒。香菸含有六十多種致癌物質；如果飲酒過量，裡頭的乙醛（有害物質）就會蓄積在體內，持續刺激食道黏膜，引起發炎。**上述情況若反覆發生，在細胞分裂、增生的過程中就容易產生癌細胞**。

大家都知道，**太燙的飲品或食物也會導致食道黏膜發炎，提高食道癌的風險**；此外，俗稱「火燒心」的**逆流性食道炎**（Reflux Esophagitis，胃酸逆流至食道，導致食道黏膜發炎的疾病），也會增加罹患食道癌的機率。

順道一提，也有相關報告指出，有喝熱茶習慣的日本和中國、喝熱瑪黛茶（mate tea）的南巴西和烏拉圭，罹患食道癌的病例比其他國家更多。

前面所介紹的幾種癌症，都是「先發炎，後致癌」的明顯病例。幽門螺旋桿菌造成的胃炎、C型或B型肝炎病毒造成的肝炎、以及逆流性食道炎，儘管這些發炎比較趨近於火災，而非悶燒，但還是可以從中發現，這種長時間持續的悶燒，的確有提高致癌風險的可能。

其實，不一定要因為發炎才可能「發癌」，**即便是健康的人體，仍會因細胞內的DNA受損、或是DNA複製錯誤，而在細胞分裂時產生癌細胞。**

ＤＮＡ的錯誤複製，會導致分裂、增生的設計圖與原貌不同，除了可能損壞細胞原有的機能，也可能**賦予其多餘的功能**，如此一來，這些有瑕疵的細胞，就會成為致癌的原因（見第八十六頁圖）。

不過，人體本身也內建了修復受損ＤＮＡ以及擊退癌細胞的系統，**每天都會自動消滅那些剛形成的癌細胞**。甚至，還有種說法：「人體每天可消滅五千個癌細胞。」（但這也只是其中一門學派的論點。）然而，當錯誤ＤＮＡ的數量超出系統可承受的範圍，自然無法遏止癌症形成。

由此看來，當慢性發炎導致體內持續悶燒時，就會出現下列幾種情況：

◎**受損的DNA超出修復系統可承受的數量。**
◎**反覆發炎使細胞分裂的次數增加，更容易引起複製錯誤。**
◎**免疫系統過於疲累，無法徹底排除癌細胞。**

於是，體內就會呈現**癌細胞容易增生，卻不易消滅的狀態。**

☑最新研究證實：基因編輯酵素將促使癌症生成

另外，誠如前文提過的，體內慢性發炎、持續悶燒之處，會產生大量的**活性氧**。活性氧這個詞迄今已經出現好幾次了，指的是氧化力強大的氧氣。

當免疫細胞攻擊侵入體內的異物時，活性氧是免疫細胞的武器，因此，身體內原本就必須具備一定程度的活性氧含量，但活性氧一旦增加過多，就會連健康細胞都遭受損傷。

慢性發炎將導致細胞分裂次數增加，提高 DNA 複製錯誤的可能性

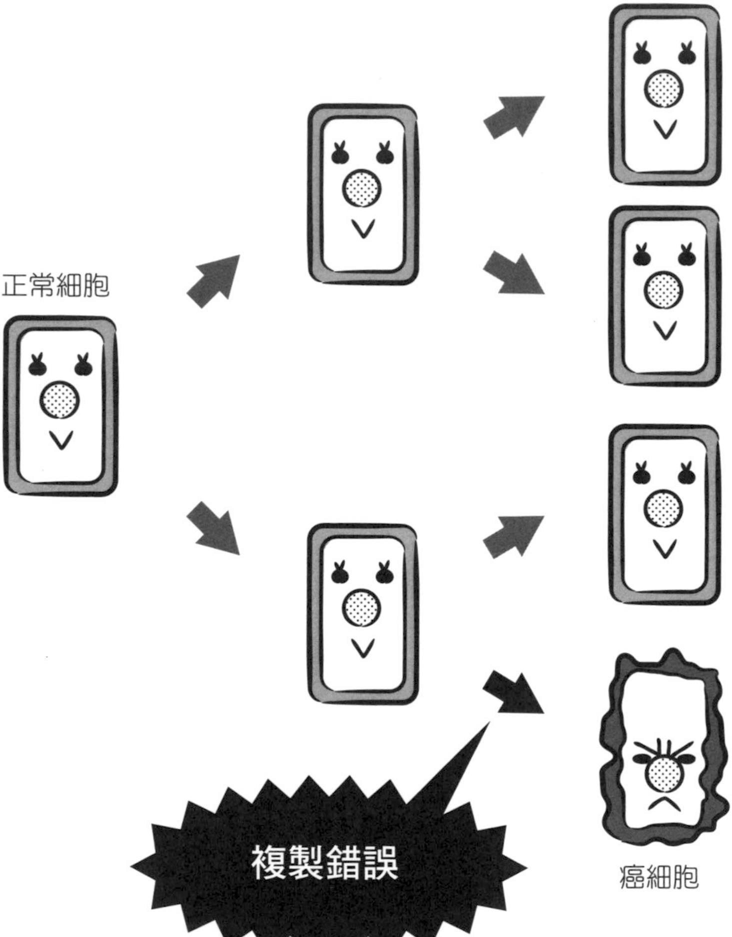

再回到本節的主題，細胞內的ＤＮＡ之所以受損，原因之一就是過度增加的活性氧。在慢性發炎之處，除了因為悶燒產生的活性氧之外，為了與發炎受損的免疫細胞（已被視為有害物質）作戰，人體同樣會大量產生活性氧作為武器。

此外，最近醫界才發現，當人體內出現慢性發炎時，正常的細胞會產生名為**「基因編輯酵素」的物質，若加上基因突變（Gene Mutation），癌細胞就會變得更容易生成。**在健康的狀況下，基因編輯酵素只會出現在免疫細胞之一的「Ｂ細胞」裡，然而，**患有慢性發炎的人，其持續悶燒的部位會自動生成此酵素。**

來自白老鼠的活體實驗中，則有更具衝擊性的報告。

如果全身的細胞都出現基因編輯酵素，就會導致惡性淋巴瘤持續生成（幾乎所有的癌症病例都包含此病灶），同時也會引發肝癌、肺癌、胃癌等。

☑癌症發生、浸潤、轉移的背後，都躲著慢性發炎

前面的內容或許稍微難懂了一點，但大家應該已經理解，不論是一開始ＤＮＡ

複製錯誤的階段，或是癌細胞持續增生（形成硬塊），以及後續浸潤（見第二十一頁）、轉移的階段，其實都和慢性發炎息息相關。

也就是說，癌症的發生、病變、轉移，都和慢性發炎有關。因此，不論是罹癌之前，或是罹癌之後，抑制體內悶燒都是相當重要的事。

其實，也有許多報告指出，**長期服用阿斯匹靈作為解熱鎮痛劑的人，罹癌的風險比較低**。正是因為阿斯匹靈是抑制發炎、舒緩疼痛、退燒用的藥物。

日本國內也有類似報告。國立癌症中心等機構的共同研究報告指出，一名患者在摘除掉極有可能發展成大腸癌的大腸息肉（Colonic Polyp）後，持續服用低劑量的阿斯匹靈兩年，結果，大腸息肉的復發風險降低至四〇%左右。

看到這樣的說明，或許有人會想問：「持續服用具抗發炎作用的藥物，真的沒問題嗎？」身為醫師，我當然不鼓勵這種做法。**只要是藥物就一定都會有副作用**。阿斯匹靈也有導致支氣管哮喘、腸胃障礙或出血等副作用的相關報告。

因此，如何不依賴藥物就能在日常中抑制體內悶燒，才是最重要的關鍵。

4

憂鬱症

長期承受壓力，會在腦部引起慢性發炎，使幸福賀爾蒙「血清素」減少。連帶的，神經細胞也會跟著受損，進而引發憂鬱症。

「憂鬱症和慢性發炎……應該完全沒關係吧？」或許有不少人這麼認為，但近年已有研究報告指出，**憂鬱症的起因，其實也和腦部發炎有關**。

憂鬱症到底是怎麼發生的？過去，醫界在探討其成因時，都是以「單胺假說」（Monoamine Hypothesis）為主流。所謂單胺，指的是血清素（Serotonin）、多巴胺（Dopamine）、腎上腺素（Adrenaline）、去甲腎上腺素（Noradrenaline）這類**神經傳導物質**（Neurotransmitters）。這些單胺的作用就像信使一樣，負責在**神經細胞之間傳遞資訊**。

當腦部的單胺分泌不足，神經細胞之間的資訊就無法順利傳遞，長久下來就會引發憂鬱症——此為單胺假說的主要內容。

尤其，據說憂鬱症患者的血清素和去甲腎上腺素較少。偏偏血清素和去甲腎上腺素都是與情感訊息有關的神經傳導物質。

血清素會在人體產生情緒的期間大量分泌，作用為**調節身心**，**使腦部清晰、心理達到平衡**。去甲腎上腺素則可**提高積極性**、**集中力和緊張感**，會在人感受到壓力的時候開始分泌。血清素和去甲腎上腺素一旦不足，**原本平靜的心就會變得不安**，

待人處世的積極度也會下降，呈現容易抑鬱的狀態。因此，一般憂鬱症的藥物就是用來刺激大腦分泌血清素和去甲腎上腺素。

就以現在最常見的抗憂鬱藥物「ＳＳＲＩ」為例，ＳＳＲＩ的正式名稱是「選擇性血清素再吸收抑制劑」（Selective Serotonin Reuptake Inhibitors）。其藥物作用就如同名稱一樣，**可防止血清素被吸收、分解，以增加腦部的血清素量**。

另一方面，全新的抗憂鬱藥物「NaSSA」（Noradrenergic and specific serotonergic antidepressants，去甲基腎上腺素及特殊血清素抗鬱劑），其作用也是促進去甲腎上腺素和血清素的分泌。

話雖如此，單胺假說終究只是假說，仍然無法釐清憂鬱症的真正成因。基本上，從過去就有人質疑，明明服用ＳＳＲＩ等藥物就能馬上增加血清素，卻不是每個罹患憂鬱症的患者都能痊癒；就算好轉，也很難馬上看見效果，有些人甚至延滯了數個星期才稍見成效。

而在後起的眾多質疑當中，最受到關注的則是，**長期的壓力在腦部引起發炎，進而導致憂鬱症的「慢性發炎假說」**。

☑血清素分泌不足的真正原因

大家可能很難想像，人的大腦也會產生悶燒型的慢性發炎。

就以第一章介紹過的CRP值來看（可用來推估體內發炎程度，見第五十六頁），各種研究都指出，憂鬱症的患者（尤其是重度憂鬱者）的**CRP數值都偏高。**

當體內因悶燒或壓力，導致引起發炎的介質增加之後，**由神經細胞資訊傳送部位所構成的「白質」（White Matter）就會出現障礙，血清素或去甲腎上腺素之類的神經傳導物質的作用也會跟著變差。**

除此之外，血清素的原料，名為色胺酸（Tryptophan）的氨基酸，除了血清素之外，也會被用來合成其他物質，而促進發炎的介質，則會誘導人體製造出血清素以外的物質，導致血清素的分泌量變少。

另外，也有許多研究發現，發炎會促進血清素的攝取（使之被吸收與分解）。也就是說，**引起發炎的介質一旦增加，血清素就會減少**。

上述說明可能有點複雜，以下簡單整理成兩個要點：

◎人體一旦出現慢性發炎，血清素和去甲腎上腺素的作用就會變差。

◎當體內出現慢性發炎時，血清素就會分泌不足。

這部分和前面所提到的單胺假說並無矛盾。然而，血清素或去甲腎上腺素之類的傳導物質分泌不足，並不是根本原因，而是過程。該注意的是，就是**因為腦內出現慢性發炎，才導致血清素或去甲腎上腺素短少，進而引發憂鬱症**。

☑壓力賀爾蒙過多，腦部組織就會受損

還有另一個醫界最近才得知的驚人事實。

過去，人們總認為憂鬱症那樣的情感障礙，是因為大腦負責處理情感資訊傳達的部位受損，屬於心理疾病，而非腦部發生物理性的損害（障礙）。然而，近期終於得知，**憂鬱症患者的腦部其實也發生了物理性障礙**，其背後也潛藏著慢性發炎這個幕後黑手。

當壓力產生時，體內促進發炎的介質便會增加，另一方面，大腦也會**分泌出對抗壓力的「皮質醇」（Cortisol）等壓力賀爾蒙來抑制發炎**。然而，在面對長期壓力、持續悶燒之下，壓力賀爾蒙仍不斷分泌，最後終於過量。

「既然壓力賀爾蒙可以抑制發炎，應該是分泌越多越好，不是嗎？」或許有人會有這種疑問，**但當壓力賀爾蒙過剩時，活性氧也會增加，並導致腦部的神經細胞壞死、甚至傷害部分組織**。換句話說，長期承受壓力不但會令身心靈疲累，就連腦部都可能發生物理性病變，實在不可不慎。

其中，大腦特別容易遭受損傷的部位是**海馬迴（Hippocampus）和杏仁核**

（**Amygdala**）。大家都知道，海馬迴以掌管記憶為主，但它其實也與情緒有關。**海馬迴、杏仁核都負責處理人類的情感訊息，同時也和憂鬱症有著極為深遠的關係**。許多報告指出，憂鬱症患者的海馬迴和杏仁核都已呈現出萎縮狀態。

過去，談到憂鬱症的治療，都是以服用抗憂鬱藥物，以增加血清素或去甲腎上腺素等方式為主流，但現在已得知慢性發炎才是主因，各種以「抗發炎」為主的治療方法已日漸受到關注。

憂鬱症其實肇因於慢性發炎

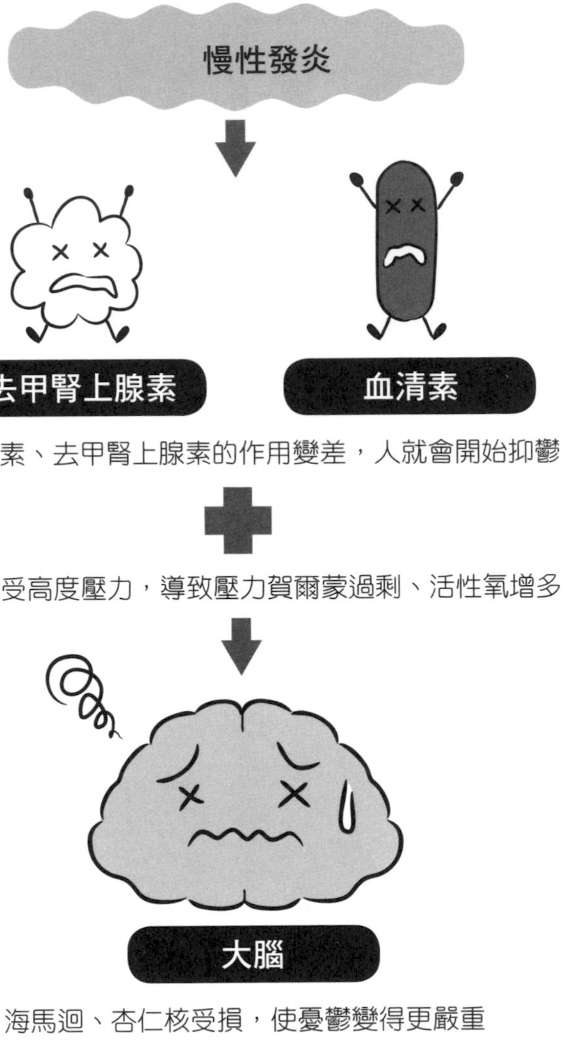
當血清素、去甲腎上腺素的作用變差，人就會開始抑鬱
長期承受高度壓力，導致壓力賀爾蒙過剩、活性氧增多

5

失智症

乙型類澱粉蛋白的蓄積將引起輕微發炎，當發炎持續，神經細胞就會壞死。最終導致腦部萎縮，演變成失智症。

當壓力慢慢累積，引起腦內發炎並持續悶燒後，**壓力賀爾蒙**就會分泌過剩，活性氧也會跟著增加，導致腦部神經細胞壞死、甚至傷害部分組織。因此，在憂鬱症患者的大腦中，常會發現萎縮現象——這是前文提過的觀念。

說到腦部萎縮，大家是否聯想到哪種常見的疾病呢？沒錯，就是**失智症**。所謂失智症，指的是**神經細胞因腦部疾病壞死，導致大腦萎縮，腦功能下降的狀態**。一般來說，失智症可依致病原因分成幾種類型，其中最常見的是肇因於阿茲海默症（Alzheimer's Disease）的**阿茲海默型失智症**。

阿茲海默型失智症也是因腦部神經細胞死亡、腦部萎縮所致。過去，人們認為造成疾病的原因是稱為**「乙型類澱粉蛋白」**（Amyloid-β）的蛋白質。

根據美國哈佛醫學院的研究，乙型類澱粉蛋白普遍存在於人體各器官內，以保護身體不受病毒傷害。但當人體老化後，這類蛋白質的「生成」與「排除」機制便很容易失衡，並蓄積在腦內，長久下來，周圍的神經細胞就會壞死，導致腦部萎縮——這是過去關於失智症成因的說法。

但最近有學者主張：「乙型類澱粉蛋白稱不上是真正病因。」為什麼呢？因為有許多人**儘管腦內蓄積了乙型類澱粉蛋白，卻沒有罹患失智症**。那麼，真正的原因是什麼？沒錯，**醫界仍然將關注焦點放在發炎上頭**——腦內一旦蓄積了乙型類澱粉蛋白，就會引起輕微發炎；當發炎長年持續下去，便會造成阿茲海默型失智症。這是目前專家學者們正在研究思考的方向。

失智，是因為腦神經細胞再生機制受阻

以前，人們總以為腦部神經細胞數會在孩童時期達到巔峰，並隨著年齡增長而逐漸減少。令人開心的是，最近的腦部研究發現，人體不論長到幾歲，腦部還是會生出新的神經細胞。這是因為**海馬迴等腦部的特定領域，擁有神經幹細胞（Neural Stem Cell），此機制可生出全新的神經細胞**。在專業的醫學用語上，稱其為**神經新生（Neurogenesis）**。

換句話說，隨著年齡增長，腦部不會只是萎縮，也會生出新的神經細胞，這是

相當有趣的現象。尤其，海馬迴是與記憶、情感相關的部分，同時也與失智症、憂鬱症密切相關——此部位竟然可持續生成新的神經細胞，的確令人振奮。

但壞消息是，還有別的報告指出，**腦內如果出現慢性發炎的悶燒，就會阻礙神經新生**。腦部明明擁有製造全新神經細胞的能力，卻因慢性發炎而無法順利完成，豈不是太可惜了嗎？

截至目前為止，已有各種研究結果指出：

◎患有憂鬱症的人，容易罹患阿茲海默型失智症。
◎憂鬱症反覆發作的人，容易罹患失智症。
◎有牙周病的人容易罹患失智症。
◎有糖尿病的人也很容易罹患失智症。

上述疾病的根源都是慢性發炎。仔細想想，當這些疾病的「火花」飛濺到腦部時，當然會提高罹患失智症的風險。相反的，也有許多報告指出，平日服用非類固醇消炎止痛藥（抗發炎藥物）的人，罹患阿茲海默症的比例比較少。

現在，與失智症相關的藥物有四種，然而，沒有一種藥物是「治療」失智症的，而是**定位在「延緩」失智症惡化**。如果發炎真的是失智的根本原因，或許今後可以透過抑制悶燒型發炎的方式，來治療、預防此症狀。

6

異位性皮膚炎

當肌膚因為過敏體質和防禦功能下降而發炎，再加上壓力、發癢等狀況，就會在持續悶燒下，演變成異位性皮膚炎。

異位性皮膚炎的患者，近來有增加的趨勢。根據日本厚生勞動省公布的《二〇一四年患者調查》，全國罹患異位性皮膚炎的病患，大約有四十五萬六千人左右。

我於一九六二年出生，在我小的時候，印象中身邊有異位性皮膚炎的同學年孩童，只有一～二名。可是，現在患有皮膚問題、肌膚乾燥的孩子卻相當多。

另外，大家對於異位性皮膚炎的印象，是否仍為「大多好發於孩童，成年後就會自然痊癒的疾病」呢？其實，**最近成人罹患異位性皮膚炎的病例不斷攀升**。從小得過異位性皮膚炎，長大之後仍然沒有痊癒；或是成年後開始復發，尤其是三十歲、四十歲還有異位性皮膚炎的患者，都比過去增加許多。

從異位性皮膚炎中的「炎」字就可以知道，此症狀也是起因於慢性發炎的一種疾病。在學術上，異位性皮膚炎的定義為**伴隨發癢的濕疹**，病症反覆且時好時壞，同時難以治癒的皮膚疾患，但基本上，**濕疹本身就是在肌膚引起的發炎**。

先替大家解說一下皮膚的構造，皮膚從外側開始，**由表皮、真皮、皮下組織三層組織所構成**。前文介紹過「被蚊子叮咬而腫脹」的例子，是指覆蓋在皮膚最外側的表皮發炎。更詳細解釋的話，是因為肌膚被蚊子叮咬（蚊子的唾液進入體內），受到刺激之後，**「肥大細胞」（Mast Cell，又稱肥胖細胞）**會散發出平時貯藏在細胞內的「組織胺」（Histamine）等介質，並發出「現在開始發炎」的命令。

收到這個命令之後，表皮就會發炎，同時向腦部傳達「發癢」的訊息。發癢是個相當棘手的問題。因為一旦覺得癢，人就會想去抓，不小心刮傷表皮之後，就會進一步引起發炎，使皮膚炎惡化，然後發癢的症狀就會愈發嚴重……自此陷入反覆發癢的無限循環。

儘管知道發癢不能抓，人往往還是會情不自禁地伸出手搔個幾下以求舒緩。這是因為在抓癢之後，腦部的報償系統（Reward System）將會產生作用，因此在身體發癢的時候抓癢，腦部會得到快感的回饋。

☑防禦功能下降與過敏體質，導致症狀反覆發作

以上所述都是一般的皮膚搔癢，異位性皮膚炎則有一點複雜，患者有下列兩種狀態。一是**皮膚的防禦功能下降**；另一種則是**容易對刺激產生過敏**（也就是具有過

敏體質）。

我們先從皮膚的防禦功能下降談起。皮膚本身擁有防禦機制，可防止異物從體外侵入，同時避免體內的水分等流失。然而，**當防禦功能下降時，皮膚就會呈現異物容易侵入體內的狀態，進而引起發炎**。此外，當皮膚表面的防禦功能減弱，人體為了加強防範敵人的入侵，平常只延伸至表皮和真皮交界處的神經，就會冒出頭，伸展至表皮部分。也就是說，到了這個階段，**皮膚對刺激的反應會變得更加敏感**，所以就更容易引起發炎（見第一〇七頁圖）。

大家回想一下，冬天濕度較低、肌膚乾燥的時候，是否有過肌膚發癢的情況？這就是因為皮膚的防禦功能減弱，而變得容易發炎的緣故。

異位性皮膚炎的另一種成因是**過敏體質**，簡單來說，就是在面對各種刺激時，**容易主動製造出抗體**。誠如大家所知，身體碰到有害物質入侵的時候，會製造出相對應的抗體來抵禦。例如，對塵蟎過敏的人，會製作出大量對抗塵蟎的抗體；對貓過敏的人，則會產生大量對抗貓毛的抗體。

此外，**具有過敏體質的人，體內對抗各種物質的抗體，也比其他人來得更多。**

換句話說，患有異位性皮膚炎的人，本身就容易製造出對抗各種物質的抗體，若再加上防禦功能下降，異物大量入侵、導致敏感的神經容易受刺激……如此一來，發炎的症狀自然會不斷反覆、持續。

☑如何擺脫無限循環的皮膚搔癢？

異位性皮膚炎如果再碰上壓力，發癢情況就會加劇，這時候如果患者還是抓癢抓個不停，發炎情況就會進一步惡化，發癢程度便會越演越烈……總之，在本身體質、外界壓力等原因的複雜交錯之下，異位性皮膚炎便會一再發作。

那麼，該怎麼做才能擺脫發癢的循環、有效改善這種狀況呢？

為了阻斷發癢的惡性循環，通常都得塗抹含有皮膚科處方的類固醇軟膏來抑制發炎，但那也只是抑制症狀的療法，充其量只是治標不治本。

就根本性的對策來說，我建議大家**確實做好保濕工作**，**強化皮膚已減弱的防禦功能**，這一點最為重要。另一件事則是**找出造成過敏反應的原因**，並避免接觸過敏

異位性皮膚炎的皮膚，對異物入侵特別敏感

● 健康的皮膚

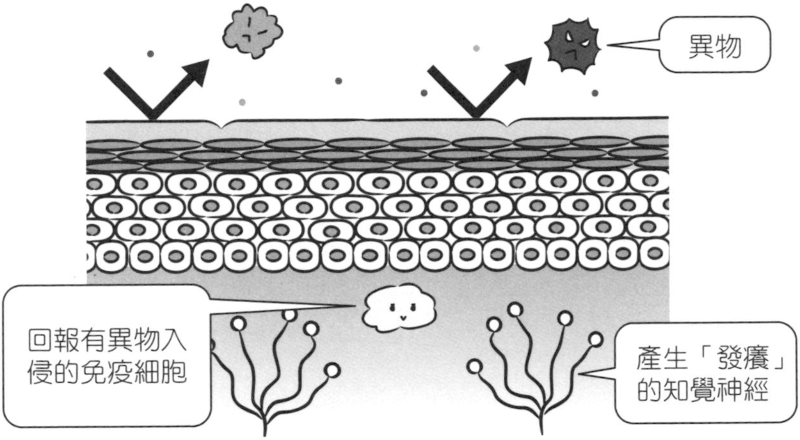

● 過敏性皮膚炎的皮膚

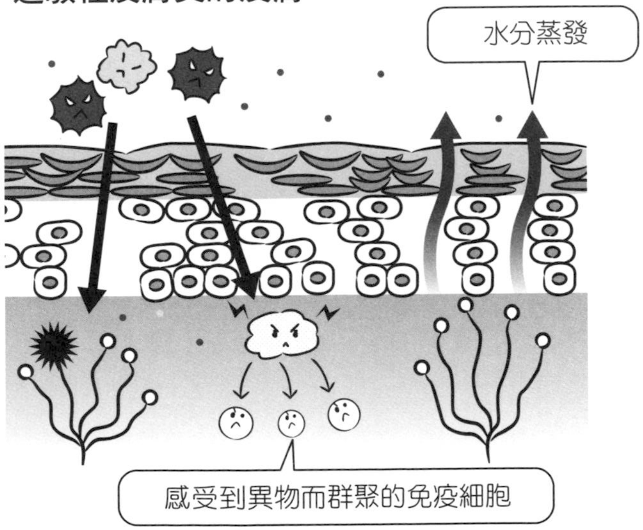

原，不過，要從日常生活中將之完全排除，應該相當困難。

綜合以上所述，治療異位性皮膚炎最重要的關鍵，就是把身體**改變成不容易引起發炎的體質（尤其要吃正確的油類，以增加體內抑制發炎的介質）**。具體做法將會在第四、第五章詳細說明。現階段大家先建立基本觀念：**只要抑制體內的發炎，肌膚發癢的狀況通常也能獲得改善。**

7

花粉症

花粉症同樣是由悶燒體質引起，在鼻子和眼睛黏膜處產生發炎。只要消除成因，就能緩解症狀。

花粉症可說是日本的國民病。每年到了二～三月杉樹花粉飛散的季節，「你是得了花粉症嗎？」這句話，幾乎成了制式的問候語。

據說全日本現在平均每四個人，就有一個人患有花粉症。在以耳鼻喉科醫師和花粉症家族為對象的全國調查中，有杉樹花粉症的人，在一九九八年調查時只有一六・二％，但在十年之後，也就是二〇〇八年時，竟增加至二六・五％。換句話說，**在短短十年之間，患病人數就增加了一成之多**。

說到花粉症的症狀，最典型的就是噴嚏、鼻水、鼻塞、眼睛發癢、充血，這些全是因為發炎而產生的病徵。其中噴嚏、鼻水是為了把進入鼻腔內的花粉趕出體外的反應；鼻塞是鼻黏膜腫脹所致；眼睛發癢、充血是對進入眼睛的花粉產生排斥所引起的症狀。以下詳細說明。

當花粉進入鼻腔或眼睛，沾黏在黏膜之後，免疫細胞中的「哨兵」（巨噬細胞）會將其視為異物，並把資訊傳遞給其他的免疫細胞以製造抗體。這種抗體會緊密地沾黏在位於鼻腔或眼睛黏膜的肥大細胞（見第一〇四頁）表面，一旦有花粉入侵，便會重覆上述過程，如此一來，製造抗體的肥大細胞就會逐漸增加，而當肥大細胞達到一定的數量後，就會準備攻擊。日後**每當有花粉進入身體，肥大細胞就會釋放出組織胺或「白三烯素」（Leukotriene）等引起發炎的介質**。這個過程稱為「致敏化」（Sensitization）。

簡單來說，花粉症是鼻腔和眼睛黏膜的發炎，而引起發炎的機制和前文介紹過的異位性皮膚炎相同（見第一〇二頁）。

☑好消息！不必吃藥就能擺脫花粉症的方法

長久以來，花粉症的治療法，都是使用抗組織胺藥或抗白三烯素藥等藥物，以抑制傳遞發炎的介質；或是使用介質游離抑制劑來預防介質發出指令。好消息是，最近醫界已研究出如何從根本治療花粉症，那就是**舌下減敏療法**（Sublingual Lmmunotherapy）。

這種治療方式，是把花粉的萃取液滴在舌頭下方，等待兩分鐘後吞下，一天一次，每天反覆服用。既然人體會把花粉視為異物，並採取攻擊行為，那我們乾脆每天都滴一些進來，讓身體慢慢習慣，這就是舌下減敏療法採取的戰略。

二〇一四年，含有花粉萃取液，名為Cedartolen的藥物因為被納入保險給付，而在日本國內引起話題。總而言之，舌下減敏療法確實是可能徹底根治花粉症的突破性治療法，但這需要相當高的毅力。除了沒有花粉的季節也必須每天投藥之外，也得定期到醫院就診，同時，至少需要持續兩年以上才會有明顯的效果。

雖然舌下減敏療法的效果很不錯，但我認為在那之前還是可以替自己多做些什麼。既然花粉症也是發炎所致，所以只要把體質調整成不容易發炎的狀態，便能緩解花粉症。我總是這樣建議來看診的花粉症患者，迄今，幾乎有一半以上的病患症狀都已減輕；其中，甚至還有人徹底痊癒，不再需要服用藥物。

那麼，**改善體質的具體方法是什麼呢？答案是飲食，尤其是油類的攝取方式**。大家只要多吃含有ＥＰＡ、ＤＨＡ的魚油，同時，避免容易引起發炎的花生四烯酸（Arachidonic acid），也就是沙拉油的主要成分亞麻油酸（Linoleic Acid，或稱亞油酸），就可以抑制發炎。詳細內容將在第四章說明。

8

支氣管性氣喘

過去支氣管性氣喘的治療法，都著眼於擴張呼吸道，但自從將焦點改為抑制支氣管發炎後，因氣喘而死亡的人數便戲劇性地驟減。

前文提過，花粉症是因為鼻腔或眼睛黏膜的發炎所致，既然提到鼻腔發炎（鼻炎），那麼就不能不談談現代人很常見的「支氣管性氣喘」。

氣喘的日文漢字是「喘息」。源自於「氣喘發作時，猶如喘氣般的呼吸」。一般人如果長期持續咳嗽，呼吸時會發出「咻咻」的聲響，這就是演變成支氣管性氣喘後的典型症狀。

鼻炎和支氣管性氣喘息息相關，根據統計，**罹患支氣管性氣喘的患者，有六～八成都帶有鼻炎；鼻炎患者則有二～三成都帶有氣喘**，由此看來，大多數的病患都是同時罹患兩種疾病，這是醫界從以前便知道的事實。

英文裡有這麼一句話：「one airway, one disease」。airway 指的是空氣的通道，也就是呼吸道。不論鼻腔還是支氣管，都是通往肺部的通道（呼吸道），**鼻炎和支氣管性氣喘之所以被視為同一種疾病，便是基於這個觀點**。但更進一步來看，將兩者被視為相同疾病，並不單只是因為皆與呼吸道有關，更是因為兩者同樣都是**呼吸道發炎所致**。

除了大部分患者同時罹患鼻炎和支氣管性氣喘之外，大家都知道**鼻炎是引起支氣管性氣喘的原因，只要治療鼻炎，支氣管性氣喘的症狀也會跟著好轉**。鼻黏膜發炎後，會釋放出大量引起發炎的介質，這些介質會順著呼吸道來到支氣管，或是透過血管抵達支氣管或肺部。因此，鼻腔發炎便被視為引起支氣管性氣喘的原因之一，就像飛濺的火花在落地位置引起燎原大火那樣。

☑全新的氣喘療法：針對慢性發炎對症下藥

前言裡已簡單說明，現代醫界已將支氣管性氣喘視為「支氣管持續慢性發炎」的疾病，因此治療方法已有了革命性的改變。

察覺到慢性發炎這個病因後（並在及早治療之下），氣喘終於得以根治，拯救了更多人的生命。世界上這種因為發現病因而改變療法的第一個案例，就是氣喘。

話雖如此，**儘管死於氣喘的人減少了許多，但患者數卻有增加的趨勢**。原因目前尚未明朗，但我認為應該和體內悶燒的人仍然很多有關。

雖然把關注焦點放在發炎上頭，就可以更貼近疾病的根源，同時採用最沒有副作用的治療方法。但我還是要強調，既然慢性發炎會引發氣喘，那麼只要願意調整飲食、改變生活習慣（哪怕只是做出一點點改變也好），就一定能夠減少體內悶燒。這才是最重要的事，大家說是不是呢？

第3章

越胖的人越容易發炎

——別讓「第三脂肪」（異位性脂肪）縮短你的壽命

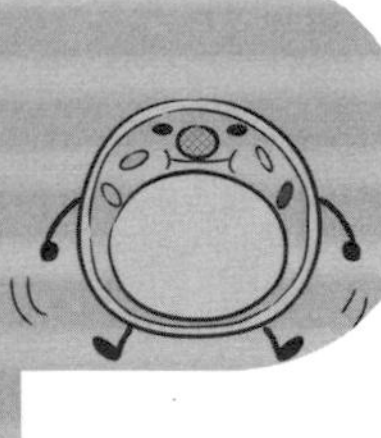

1

人越胖，體內悶燒就越嚴重

前面已經說明過，慢性發炎引起的體內悶燒，和全身性疾病之間密切相關。從本章開始，我將針對引起慢性發炎的原因「肥胖問題」說明，並於第四、第五章提出解決對策。

先給各位一個觀念：**肥胖的情況越是嚴重，身體內的悶燒越會持續擴大**。意思就是說，所有飲食過量或運動不足、放任脂肪堆積的人，都有慢性發炎（體內悶燒）的問題，而且越胖的人，悶燒的情況越嚴重。

大家最近一次量體重是什麼時候呢？現代人都喜歡苗條的身材，因此很害怕面對自己變胖的事實，所以常常會下意識地避開體重計。

日本國內對於肥胖的判斷標準是「BMI 25以上」（編按：臺灣衛福部則定義，BMI 27以上未滿30者為輕度肥胖，見第一二一頁圖表）。所謂BMI是「Body Mass Index」的縮寫，中文稱為「身體質量指數」，可透過下列計算公式求得：

BMI＝體重（kg）÷身高（m）÷身高（m）

據說現在全日本二十歲以上的人口當中，有三成男性、二成女性歸屬於肥胖體位。以女性的情況來說，在二十～三十歲年齡層之間，身材纖瘦的人很多，但四十歲以後的年齡層，BMI超過25以上的人則有增加的趨勢。

BMI數值是評斷健康狀態的重要指標，如果你的BMI超過25，就算健康檢查的結果顯示「沒有異常」也不可大意，因為身體內部很有可能已開始悶燒了。

☑你是大肚腩的「蘋果型體型」嗎？小心了！

除了BMI之外，我們還可以進一步測量腹部周圍（腰圍），如果尺寸超過下列數值，就可能是內臟脂肪型肥胖。

◎男性九十公分以上。

◎女性八十公分以上。

（編按：此部分已調整為臺灣衛福部網站公布的腰圍標準。）

肥胖程度分級

BMI	判定
BMI ＜ 18.5	體重過輕
18.5 ≦ BMI ＜ 24	健康體位
24 ≦ BMI ＜ 27	體重過重
27 ≦ BMI ＜ 30	輕度肥胖
30 ≦ BMI ＜ 35	中度肥胖
BMI ≧ 35※	重度肥胖

※BMI≧35 即為「重度肥胖」。資料來源：臺灣衛福部網站

腰圍若是過寬，就容易罹患代謝症候群，理由會在後段詳細說明，但大家先明白一件事：**最容易產生體內悶燒的，並非皮下脂肪較多的人，而是內臟脂肪較多的肥胖類型**。所謂內臟脂肪型肥胖，就是俗稱的「蘋果型體型」：挺著圓滾滾的大肚腩，腹部呈現外凸狀態。正確來說，只要腹部經過電腦斷層掃描（CT掃描），檢查出內臟脂肪超過一百平方公分以上，就會被判定為內臟脂肪型肥胖。

大家是否有所警覺了呢？現在就勇敢站上體重計、掌握現狀，這是你撲滅體內悶燒的第一步！

2

為什麼有的人會胖到「滿出來」？
因為脂肪細胞沒有極限！

大家都怕變胖，但所謂肥胖究竟是怎麼回事？其實不光是體重增加，嚴格來說，**體脂肪增加才是關鍵**。

那麼問題來了，這些額外增加的脂肪，究竟藏在身體何處？

其實不論是醣類、蛋白質或脂類，一旦攝取過多，就會被人體內的「脂肪細胞」（Adipocytes）吸收、蓄積成「中性脂肪」（Neutral Fat）。負責吸收、蓄積脂肪的，是呈圓球狀的**白色脂肪細胞（White Adipocyte）**，**內含名為「脂肪滴」（Lipid Droplets）的油滴，吸收脂肪後，脂肪滴就會逐漸膨脹**。

白色脂肪細胞一般呈直徑〇．〇八公釐左右的球狀，裡頭的脂肪滴吸收脂肪後，細胞整體就會膨脹至極限程度：直徑約脹成一．三倍左右；體積則約脹至二．二倍左右。

這種白色脂肪細胞遍布在全身各處，根據統計，一般體型的人，體內大約有兩百五十億～三百億個。其中，數量最多的是下腹部、臀部、大腿、上臂、背部和內臟周圍等部位；也就是說，**白色脂肪細胞較多的部位＝容易肥胖之處**。

☑肥胖者體內的脂肪細胞，就像客滿的電車，擠爆了！

人體全身上下有多達三百億個白色脂肪細胞，如果它們全因為吸收多餘脂肪而膨脹起來的話……嗯……我好像聽到某些讀者在哀嚎了。

此外，白色脂肪細胞在正常狀態下呈現圓球狀，但當每個細胞都變大之後，就會像客滿電車那樣擠爆，細胞和細胞之會變得毫無縫隙，相鄰的細胞會相互推擠，從原本的圓球狀變成多角形（見左頁圖）。

到了這個階段如果還不採取行動，繼續過著想吃就吃、不愛運動的糜爛生活，人體就無法單靠現有的白色脂肪吸收脂肪，而是會**另外製造新的脂肪細胞繼續蓄積。據說肥胖者體內的白色脂肪細胞，多達八百億個**。

因此，肥胖的人體不光是每個脂肪細胞都已膨脹、擴大到極限，就連數量也會無上限地持續增加、不斷擠爆體內。有些人之所以胖到很誇張，全身的肉都像「滿出來」一樣（例如相撲選手），就是因為脂肪細胞沒有極限的緣故。

正常者和肥胖者，體內的白色脂肪細胞有何差異？

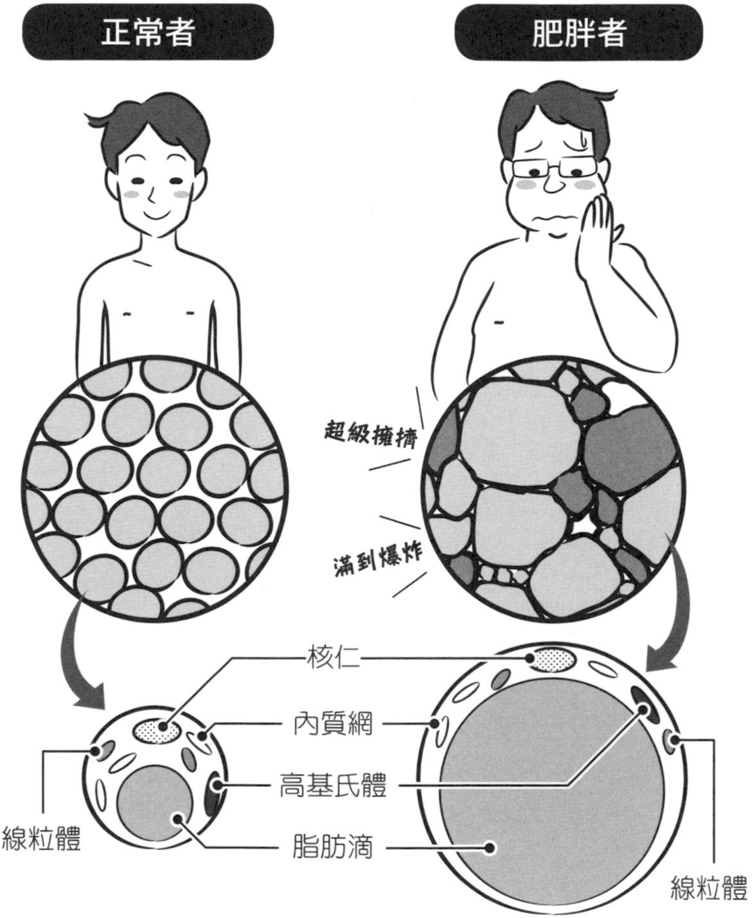

吸收多餘脂肪的白色脂肪細胞會不斷膨脹、逐漸變大。除此之外，當脂肪細胞吸收到極限之後，就會自動製造新的細胞「增援」，呈現爆滿電車的狀態。

3

再繼續胖下去，脂肪就會產出有害物質

脂肪細胞變大、數量增加後，其本身的作用也會跟著改變。脂肪細胞會**和其他的免疫細胞等物質，共同組成「脂肪組織」（Adipose Tissue）**，就像團體組合一樣，以集體行動的方式進行各種不同的活動，例如：

◎人體需要熱量時，可分解脂肪供給全身。
◎就像裝箱用的泡棉那樣，確保內臟待在正確的位置。
◎形同體內的隔熱材料，維持體溫不散失。
◎充當緩衝物質，緩和來自外部的衝擊。

脂肪組織具有上述這些功能，大家應該不陌生。但最新的研究則發現，**脂肪組織會分泌出各種不同的物質（介質），並對身體下達各種指令**。換句話說，脂肪在全身器官上的活動相當活躍（並非一般人想像的那樣堆積不動），而其中分泌介質最頻繁的，即為內臟脂肪。

能有效抑制發炎，近來備受矚目的脂聯素

由脂肪組織分泌出的物質，統稱為「體脂細胞激素」（Adipocytokine），光是目前已知的數量就多達五十種以上。體脂細胞激素具有各種作用，同時，**「人體內哪種體脂細胞激素分泌較多」，也得視體型的胖瘦而定。**概略來說：

◎肥胖者的脂肪組織，引起發炎的體脂細胞激素分泌較多。
◎正常者的脂肪組織，抑制發炎的體脂細胞激素分泌較多。

引起發炎的體脂細胞激素包括「TNF-α」、「介白素6」（Interleukin-6）以及

「抗胰島素激素」（Resistin）等種類（見第一三一頁圖），這些激素的分泌**會隨著肥胖程度而增加**；另一方面，也有抑制發炎的體脂細胞激素，其中最具代表性的，就是大阪大學的研究團隊發現的「脂聯素」（Adiponectin）。

然而，**當白色脂肪細胞蓄積了大量的中性脂肪後，脂聯素的分泌就會減少**。

就像前文所說明過的，人體全身上下都有白色脂肪細胞。而在變胖之後，這些多達三百億個的脂肪細胞，就會成為製造悶燒的根源，把「擴大悶燒」這樣的訊息傳送到全身，所以醫學界才會將肥胖當作體內悶燒的最大主因。

☑ 體內被脂肪組織塞爆後，就會悶燒、缺氧

另外，肥胖者的脂肪組織會呈現低氧狀態。這是因為每個脂肪細胞變大後，呈現塞爆狀態的脂肪組織，會使得**血液的流動減少，導致局部性的氧氣變少**。

到最後，**氧化壓力就會增加，引起慢性發炎**。

簡單舉例來說，在塞得密不透風的客滿電車裡，當氧氣變得稀薄後，乘客們就

會開始感到焦慮、不安——肥胖引起的悶燒，就是像這樣的現象。

讀到這裡，大家應該可以理解，**當你越是蓄積脂肪（即持續發胖），體內悶燒的程度就越嚴重**。

肥胖者的脂肪組織，將持續分泌有害物質

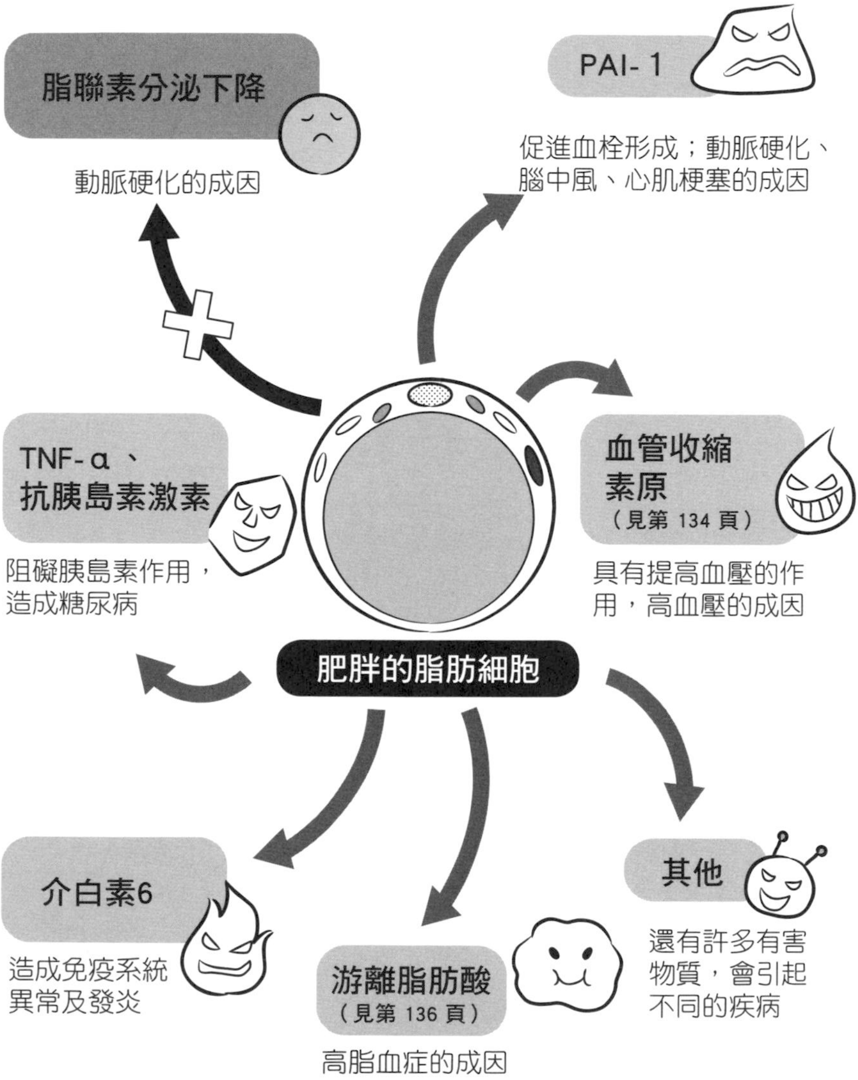

4

肥胖帶來的三高——高血糖、高血壓、高脂血症

前文提過，肥胖者的脂肪組織會分泌各種引起發炎的介質，影響胰島素發揮正常功能。誠如大家所知，所謂胰島素，指的是**可將血液裡的葡萄糖帶進全身細胞，同時讓血糖值下降的賀爾蒙**。

平常吃飽飯後，血液裡的葡萄糖增加（血糖升高），胰臟就會製造胰島素，把血糖帶進全身細胞，於是，血糖值就會下降。然而，肥胖者的脂肪組織卻會阻礙胰島素的作用。

胰島素效能變差的原因有好幾種，其中最顯著的，就是由膨脹後的脂肪組織所分泌的 TNF-α、抗胰島素激素等體脂細胞激素。這些激素會**抑制葡萄糖進入細胞**；而當葡萄糖無法順利進入細胞，血液中的血糖值（葡萄糖濃度）就會一直處於偏高的狀態。

另外，前面介紹過的，可抑制發炎的脂聯素，同時也**具有促進血液中的葡萄糖進入細胞的作用**。但人在變胖之後，脂聯素的分泌就會減少。所以，**脂肪組織變大（變胖）之後，胰島素的效能就會變差，使血糖值不容易下降**。

而在這之後，眼見胰島素的效能變差，大腦就會發出「這下不妙了，必須分泌更多胰島素、把血糖給降下來才行」的指令，於是，胰島素的分泌便會過量；這種狀態長期持續之後，就會演變成糖尿病（見左頁圖）。

☑肥胖與高血壓、高脂血症息息相關

另外，胰島素如果增加過剩，自律神經中的**交感神經**就會受到刺激。如此一來，**血壓就容易偏高，導致高血壓**。

除了使交感神經變得敏感之外，肥胖還會在其他層面上導致高血壓。

例如，因吸收脂肪而變大的脂肪細胞，會分泌出**血管收縮素原**。血管收縮素原也是體脂細胞激素的一種，**具有收縮血管的作用**。當此激素的分泌增加之後，就會跟著製造出大量的血管收縮素，**使得血管收縮，造成血壓上升**。

另一種與肥胖脫不了關係的疾病，就是**高脂血症**。這是指壞的ＬＤＬ膽固醇，或血液中的中性脂肪（三酸甘油酯）過度增加，以及體內好的ＨＤＬ膽固醇減少的狀態。

膨脹的脂肪組織，將阻礙胰島素發揮作用

當脂肪細胞肥大化之後……

脂聯素的分泌下降

所謂脂聯素，指的是……

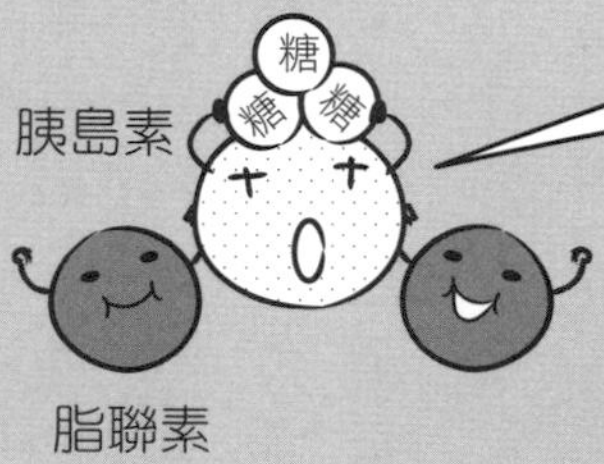

胰島素可控制血糖值。

脂聯素可協助胰島素控管血糖值。

但是當脂肪細胞過度膨脹、肥大之後，TNF-α、抗胰島素激素就會增加，並妨礙胰島素發揮作用，葡萄糖便無法被帶進細胞裡。

長久下來，血液中的血糖值持續偏高，成為糖尿病。

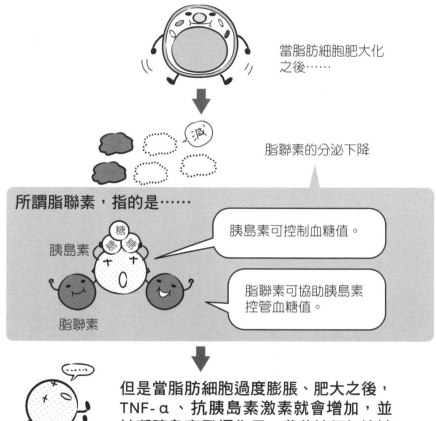

持續飲食過量、使得脂肪細胞蓄積過多的脂肪後，膨脹的脂肪細胞就會**釋放出游離脂肪酸（Nonesterified Fatty Acid）到血液裡頭**。如果游離脂肪酸被當成熱量有效利用的話，當然沒有問題，但若未能如此，這些游離脂肪酸就會**在肝臟被轉換成中性脂肪或膽固醇等物質，再次回到血管裡**。於是，血液裡面的膽固醇（LDL膽固醇）或中性脂肪（三酸甘油酯）就此增加，導致高脂血症。

血液裡面如果有多餘的脂類，就會呈現大家常說的「黏稠狀態」，就像把使用過的炸油倒進排水管那樣。除了容易引起動脈硬化之外，引發心肌梗塞或腦中風等疾病的風險也會增高。

☑內臟脂肪型肥胖加上三高——心血管的死亡四重奏

當人變得肥胖（此處指的是**內臟脂肪增加**）之後，就很容易罹患**高血糖**、**高血壓**、**高脂血症（即三高）**，上述四者就是心血管界中的死亡四重奏。前文已經講解過了，其致病的主要原因，都和脂肪組織過度活躍、分泌過多有害物質有關。

代謝症候群的判斷標準

內臟脂肪蓄積的指標

① 腹部肥胖（腰圍）	男性：90cm以上 女性：80cm以上

＋ 再加上

② 高血壓	收縮血壓（SBP）≧ 130mmHg 或舒張血壓（DBP）≧ 85mmHg
③ 空腹血糖值（FG）	≧ 100m g/dℓ
④ 高密度酯蛋白膽固醇（HDL-C）	男性＜ 40mg/dℓ 女性＜ 50mg/dℓ
⑤ 高三酸甘油酯（TG）	≧ 150mg/dℓ

只要①～⑤中有 3 項符合……

↓

代謝症候群

（編按：此部分已調整為臺灣衛福部網站公布的判定標準。）

體內多餘的脂肪增加後，原本不容易罹患高血糖、高血壓或高脂血症的人，就會成為高危險群，而原本就是容易罹患三高體質的人，中招的機會也會跟著增加，這些都是已被證實過的事實。**當你已經有了內臟脂肪型的肥胖，若再加上高血糖、高血壓、高脂血症中的任兩項，就會被診斷為代謝症候群（Metabolic Syndrome）**。而在代謝症候群的終點等待著的，就是心臟病或腦中風這類嚴重疾病。

而這一切的起點，就是蓄積中性脂肪的脂肪細胞超載、過度增加的緣故。另外，血糖值偏高、血液中的膽固醇增多、血壓偏高等症狀，都會產生氧化壓力，形成發炎的根源，這一點也請各位謹記在心。

（編按：根據衛福部二〇〇七年公告的判定標準，下列五種危險因子中，若包含三項或以上者即為代謝症候群：①腹部肥胖（腰圍）：男性≧90cm、女性≧80cm；②高血壓：收縮血壓（SBP）≧130mmHg／舒張血壓（DBP）≧85mmHg；③高血糖：空腹血糖值（FG）≧100mg/dl；④高密度酯蛋白膽固醇（HDL-C）：男性＜40mg/dl、女性＜50mg/dl；⑤高三酸甘油酯（TG）≧150mg/dl。）

5

當異位性脂肪附著到心臟，冠狀動脈就危險了！

前文提過，日常生活中如果飲食過量，**多餘的熱量就會以中性脂肪的狀態，蓄積在脂肪細胞裡**，長久下來，脂肪細胞會逐漸變大，一旦負荷超過極限，脂肪細胞就會自動增加，以消耗這些過多的脂肪。

就像這樣，當聚集在**皮膚下方**的脂肪細胞膨脹、增多之後，**皮下脂肪**就會增加；聚集在**腹部周圍**的脂肪細胞膨脹、增多之後，**內臟脂肪**就會變多。但這樣還沒完，如果還有更多脂肪產生，就連皮下脂肪、內臟脂肪也無法完全收容的時候，這些**無處可去的脂肪就會進入「脂肪細胞以外」的部位**。

最後，就連**心臟**、**肝臟**、**胰臟**、**肌肉（骨骼肌）等原本不該有脂肪附著的部位**，**也會被脂肪盤據**。換句話說，這些多餘的脂肪會跑錯地方，蓄積在心臟的心肌細胞、肝臟的肝細胞、胰臟的 β 細胞、骨骼肌（Skeletal Muscle）的肌細胞（Muscle Cell）等，這些原本不具備蓄積中性脂肪功能的各種體細胞裡。

這就是在皮下脂肪、內臟脂肪之外的第三種脂肪，也就是所謂的**異位性脂肪（Ectopic Fat）****（見第一四三頁圖）**。

☑為什麼我明明不喝酒，卻還是得了肝炎？

脂肪附著在原本應該不會有的地方，當然不是件好事。**異位性脂肪一旦蓄積，該部位就會開始慢性發炎、產生悶燒。**

例如，肝臟如果有多餘的脂肪附著，就會在該處引起發炎，肝臟的細胞會因此虛弱、壞死。因為免疫細胞之一的巨噬細胞會包圍該處，並攻擊原本健康的細胞，最後引發肝炎。

這種類型的肝炎稱為**「非酒精性脂性肝炎」**（NASH）。大家對肝炎的印象或許都是飲酒過量，但其實不喝酒的人，也會罹患肝炎。健康檢查之後，聽到醫師說：「你有脂肪肝，要少喝點酒喔！」你可能會很疑惑：「我明明沒有喝酒啊，怎麼會這樣呢？」或許就是蓄積在肝臟的脂肪搞的鬼，還是快快減肥比較實在。

另外，**當肝臟或肌肉有多餘的脂肪附著時，胰島素的效能就會變差**。肝臟或肌肉會在胰島素的協助之下，把血液中的葡萄糖蓄積成能量。然而，異位性脂肪一旦增加，胰島素的作用就會下降，人體吸收糖類的功能就會停滯。

☑ 發炎的介質隨著脂肪入侵心臟

除了肝臟之外，更恐怖的是，附著在心臟周圍的異位性脂肪。這些脂肪會**順著細小血管，把那些會引起發炎的介質，送進負責運送氧氣和營養進入心臟血管的冠狀動脈，使冠狀動脈悶燒、加速老化與脆化**。

而且，這種因發炎引起的損害，速度遠比冠狀動脈本身的自然老化（動脈硬化）還要更快。同時，**負責把營養送進心臟的冠狀動脈，也有可能因此阻塞**。因此，異位性脂肪的存在可說是相當危險。

總而言之，這些會到處跑來跑去的多餘脂肪，會像流氓一樣盤據在原本不應該存在的部位。對人體來說，**異位性脂肪就是個陌生且詭異的傢伙**，免疫系統會將之視為攻擊對象，並在戰鬥的過程中引起發炎、慢慢地侵蝕身體。

何謂第三脂肪（異位性脂肪）？

① 皮下脂肪

附著在皮下組織的脂肪

主要附著在下半身、腹部周圍、臀部等部位，造成「洋梨型肥胖」

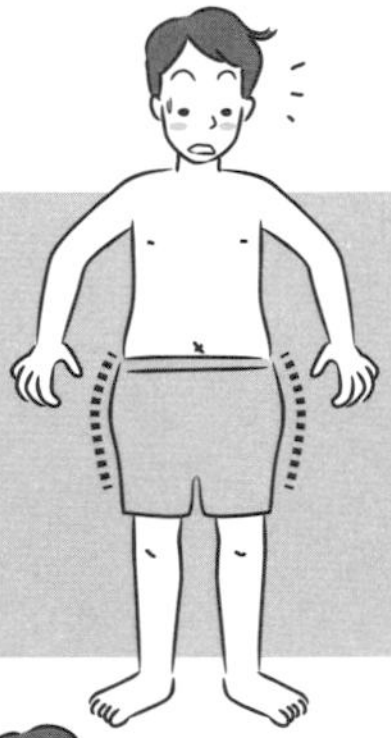

② 內臟脂肪

附著在內臟周圍的脂肪

主要附著在大腸、小腸等內臟周圍。會使得腰部變得肥厚，形成「蘋果型肥胖」。

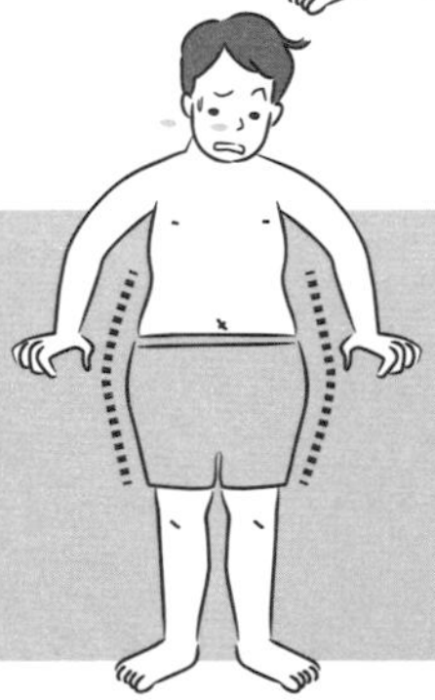

③ 異位性脂肪

皮下脂肪、內臟脂肪以外的第三脂肪

多餘的脂肪無法進入皮下或內臟的脂肪組織，並附著到原本不該蓄積的部位。例如肝臟、心臟、心肌、骨骼肌等處。

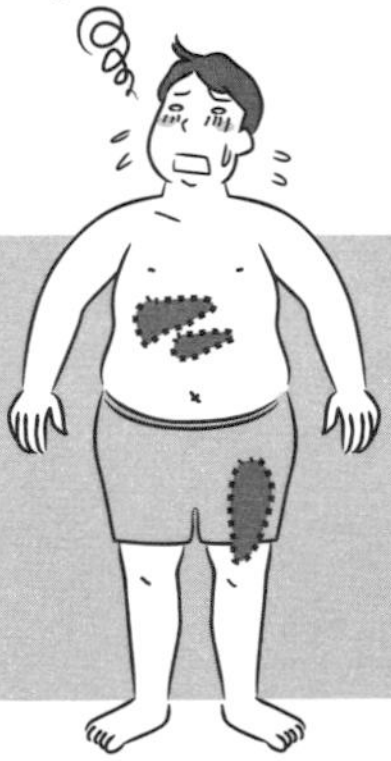

6

減肥是最有效的抗發炎藥

前面已介紹過，過度增加的脂肪會以各種形式在全身產生悶燒。在本章的最後，就來談談**「一旦脂肪開始蓄積，人就會更容易變胖」（意即為何胖子會越來越胖？）的原因為在**。

理由之一就是胰島素。當人變得肥胖之後，胰島素的效能會變差，胰島素的分泌增加會引起各種問題，這些前面都已經說明過了。大家都知道，胰島素是降低血糖值的賀爾蒙，不過，它還有另一個名稱，那就是**肥胖賀爾蒙**。

「降低血糖值」的確是好事，但相對的，胰島素也會促進多餘的葡萄糖轉變成中性脂肪，然後蓄積在脂肪細胞裡，有趣的是，**胰島素之所以會過度分泌，就是因為脂肪不斷蓄積的關係**，兩者可說是相輔相成。

☑衝擊的真相！胖子不容易吃飽，這是真的！

一旦脂肪蓄積之後，人會更容易變胖的理由之一，與**「瘦體素」（Leptin，由白色脂肪細胞分泌出的體脂細胞激素之一）密切相關**。順道一提，瘦體素的名稱源自於希臘語「Leptos」，代表「纖細、纖瘦」的意思。

瘦體素是與食欲相關的賀爾蒙，具有抑制食欲的作用。同時，瘦體素還會對肝臟和肌肉發出「開始消耗熱量」的指令。因此，**瘦體素的分泌一旦增多，食量就會減少**，有助於脂肪燃燒。

令人困擾的是，**人在變胖之後，儘管瘦體素會大量分泌（照理來說應該會吃得少一點），但不知為何，身體對瘦體素的反應卻會變差。**因此，越胖的人，越不容易得到飽足感，就此陷入飲食過量的窘境。

☑ 你比年輕時還要胖了嗎？注意了！

總而言之，越胖的人越容易發炎；想抗發炎，就得先減掉不需要的脂肪，尤其是會**在體內引起悶燒的內臟脂肪和異位性脂肪**。

內臟脂肪多寡的標準就是腰圍（見第一二〇頁）。而**在異位性脂肪方面，如果現在的你要比年輕時期還要胖的話，就更得注意了**。

瘦體素是減肥的敵人，同時也是夥伴

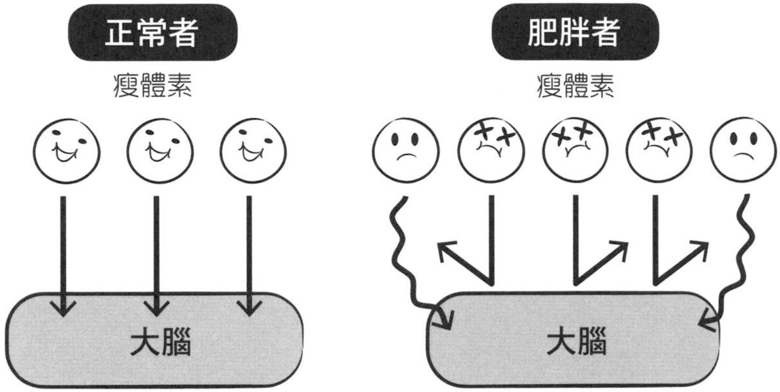

一般情況下，瘦體素會向大腦傳達飽足感。

肥胖者不容易接收「吃飽」的指令，很難產生飽足感。

「我吃飽囉，不用再吃了！」

「還不夠。再多來一點！」

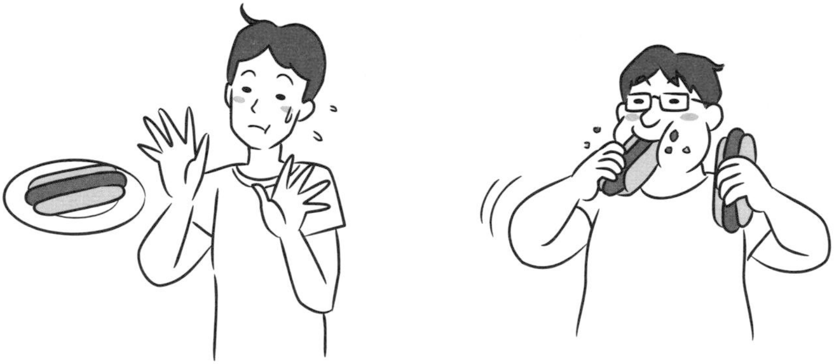

年輕時期纖瘦的人，如果和天生豐腴的人相比，體內脂肪細胞的數量較少，蓄積脂肪的空間也較少，所以就算看起來沒有胖得很誇張，**瘦子體內蓄積脂肪的空間仍不夠多，因此很快就會塞滿**——這些無處可去的脂肪，就很容易附著在不應該出現的部位。

另外，也有報告指出，**異位性脂肪未必和內臟脂肪的量相關**。也就是說，就算腹部周圍的脂肪不多，肝臟或肌肉仍可能會有第三脂肪附著。大家絕對不能因為「反正我不是代謝症候群體型」而鬆懈。

☑認真減肥就是在替身體滅火

所幸，儘管內臟脂肪和異位性脂肪會使身體悶燒，卻也很容易清除。單就這個特性來說，這兩種脂肪絕對稱不上難纏。

導致內臟和異位性脂肪增加的首要原因，就是飲食過量。**過量攝取碳水化合物或甜食**，容易蓄積中性脂肪、促使血糖值急遽攀升，造成胰島素過量分泌，絕對要避免。另外，**運動不足或肌肉量減少將使基礎代謝率下降**，熱量消耗也會跟著減少，於此同時，脂肪的蓄積量就會相對增加。

肥胖是讓身體悶燒的最主要原因，調整飲食習慣和規律運動，是消除肥胖不可或缺的條件。我將從第四、第五章提供解決對策，請大家從今天開始，從蓄積脂肪的生活中掙脫出來吧！

第4章

對策篇1

抑制發炎的健康飲食法

——醫師教你這樣吃，選對介質，體內不再悶燒

1 體內的慢性發炎，會隨著年齡增長惡化

前面已經說明過，肥胖會使身體產生慢性悶燒，讀到這裡，天生苗條的人或許會覺得安心，認為：「像這我麼瘦的人，應該沒問題吧？」不過，很遺憾的。體內悶燒並不是與任何人都無緣。因為還有「老化」這個誰都無法避免的慢性發炎。

儘管如此，還是有些到了八十、九十歲的高齡者，體內慢性發炎程度仍然很低。也就是說，撇開老化這個誰都無法逃過的問題不談，只要**懂得避開肥胖等外在因素所引起的悶燒，或是在發炎初期就及時抑制**、**阻止惡化**的話，不就可以讓身體比實際年齡更年輕了嗎？

因此，我將從本章起，陸續介紹所有人都適用，可有效抑制悶燒的方法。

2 EPA、DHA可抑制慢性發炎

就可抑制人體發炎的各種營養素而言，目前最受關注的是全世界正積極研究的「EPA」（Eicosapentaenoic Acid，二十碳五烯酸）和「DHA」（Docosahexaenoic Acid，二十二碳六烯酸）。EPA、DHA都是營養補充品，多藏於魚油當中，具有多種有益身體的成分。尤其**EPA多被視為有益血管的營養素；DHA則被視為有益腦部的營養素**。

這些營養素現在則因可抑制發炎再次受到矚目。若要進一步說明的話，就必須先提到與**「花生四烯酸」（AA）**之間的關係。花生四烯酸、EPA、DHA都是**脂肪酸**的一種。

EPA和DHA多存在於深海魚的魚油，相較之下，花生四烯酸則多存在於肉

類（紅肉及白肉）、蛋或植物等陸地食材中所萃取的油裡。所謂脂肪酸，是讓「脂類＝油」的構成物質。大家對脂類都有著肥胖、對健康不好的負面印象，但其實脂肪酸是必要的營養素之一，**可構成細胞膜成分、製造賀爾蒙，還有其他重要功能。**

花生四烯酸、EPA、DHA都是身體所需的必要脂肪酸。然而，花生四烯酸和EPA、DHA**就像是把細胞表面當成標地的物，玩起「大風吹」那樣搶椅子的爭奪遊戲。**細胞膜的主要成分是「磷脂」（Phospholipid），EPA、DHA、花生四烯酸，都會被當成磷脂帶進細胞膜。這個時候，**如果人體攝取大量EPA、DHA，帶入細胞膜的花生四烯酸就會被排擠出來。**

花生四烯酸的「座位」如果減少了，會怎麼樣呢？這會影響到該細胞的性質：

◎EPA或DHA較多的細胞，性情較為溫和，不容易引起發炎。

◎花生四烯酸較多的細胞，性情會變得粗暴，容易引起發炎。

花生四烯酸和 EPA 的椅子爭奪戰（大風吹）

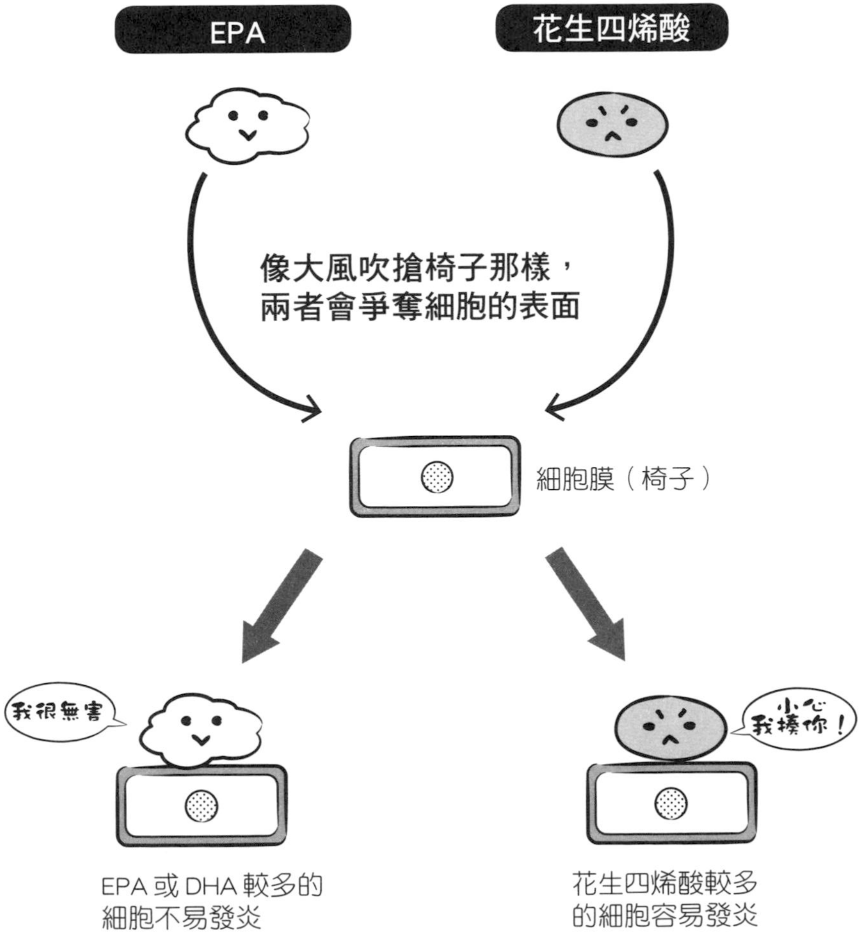

也就是說，花生四烯酸較多的細胞，在受到某些刺激後，會從細胞膜開始向外釋放出花生四烯酸，在各種酵素影響下，**逐漸轉變成引起發炎的介質**。

這種以花生四烯酸為出發點，使引起發炎的介質轉變成有如瀑布般在體內流竄的狀態，就稱為**「花生四烯酸級聯」（Arachidonic Acid Cascade）**。

另一方面，如果EPA或DHA在細胞膜的大風吹遊戲上居於優勢，花生四烯酸製造出的發炎性介質量就會減少。也就是說，**大量攝取EPA和DHA，就可以抑制發炎**。

☑EPA、DHA的兩種抗發炎作用

還有另一件在最近研究中所得知的好消息。研究發現，當細胞膜內部發生「大風吹」之後，除了可阻礙花生四烯酸製造發炎介質之外，EPA或DHA在把花生四烯酸趕出細胞膜後，還會受到各種不同酵素的影響，進一步轉換成「止炎素」（Resolvin）或「保護素」（Protectin）等可抑制發炎的介質。

也就是說，EPA、DHA具備兩種層面的抗發炎作用。**一是間接妨礙發炎產生；另一個便是轉變成直接抑制發炎的介質**。

這部分的說明似乎稍微專業一點，總而言之，大家只要記得EPA、DHA具有抗發炎作用、會和花生四烯酸玩大風吹，搶占細胞表面的位子這兩點就夠了。

3 「EPA：花生四烯酸＝1：1」最為理想

一九七〇年代，有個研究結果引起醫界好奇：「居住在格陵蘭一帶的因紐特人（Inuit）較少罹患心血管疾病。」這件事促使EPA和DHA的作用受到關注。

因紐特人幾乎不吃蔬菜或魚，大多都是以海豹肉為生。由於當地屬於不適合農耕的極寒之地，因此人們很少攝取蔬菜、水果或穀物。不過，丹麥研究者的報告卻指出，相較於飲食習慣與西歐人相近的丹麥人，因紐特人的膽固醇、中性脂肪的數值較低，同時，也較少因動脈硬化而罹患疾病。

專家們進一步調查原因後發現，因紐特人**血液中的EPA濃度較高，飲食中所含的EPA和DHA也相當多**。順道一提，因紐特人主要食用的海豹都是以魚類為主食，因此，這些海豹肉和魚油一樣，含有大量的EPA、DHA。

在這項研究的契機下，各地也跟著開始進行ＥＰＡ與ＤＨＡ的調查。日本國內也有相同的報告，將千葉縣的山區和房總半島的沿海地區比較後發現，**經常吃魚的沿海地區，居民血液中的ＥＰＡ濃度較高，因動脈硬化引起疾病的比例也較低。**

☑看似促進發炎的介質，其實並非絕對反派

話雖如此，儘管ＥＰＡ和ＤＨＡ對身體再好，與其相抗衡的花生四烯酸也非萬惡不赦的大反派。**花生四烯酸也是人體必須攝取的油類**，但在現代生活中，我們總是在不知不覺間攝取過量的花生四烯酸，才會導致兩者失去平衡。

最理想的比例，就如同本節標題所寫的，**「ＥＰＡ：花生四烯酸＝１：１」**。花生四烯酸如果偏多，就會加速動脈硬化，提高罹患血管疾病的風險。

4 沙拉油會促進發炎、亞麻籽油則能抑制發炎

前面提到「EPA：花生四烯酸＝1：1」，或許大家看了之後會猜想：「那麼DHA跑哪裡去了？怎麼都沒講到呢？」

這是因為EPA受到醫界關注的時間較早，比DHA更早一步進行研究。總而言之，想抗發炎，主要關鍵是EPA、DHA和花生四烯酸的平衡。此外，若真要仔細比較，**EPA其實比DHA更具抗發炎作用**。

然而，就算明明知道「EPA和花生四烯酸的比例應該維持在1：1」、「EPA、DHA和花生四烯酸必須保持平衡」這些健康原則，應該還是有人聽不太懂，因而無所適從，不知該如何調整飲食。

為此，我得重新說明一下，EPA、DHA和花生四烯酸是什麼樣的脂肪酸。

首先，大家必須先概略了解脂肪酸的種類。

脂肪酸可分成兩種：

◎在常溫下會凝固的油脂，稱為「飽和脂肪酸」。
◎在常溫下不會凝固的液體油脂，稱為「不飽和脂肪酸」。

正確來說，兩者在化學結構上的差異，在於有沒有碳雙鍵（Ethylenic Bond），但這個部分有點複雜，牽涉到化學上的專業。各位只要記得**「常溫時為固狀」**，以及**「常溫時為液狀」**這兩個區分方式就夠了。例如，牛油、豬油、奶油、人造奶油、椰子油等常溫時為固體的油脂，所含的就是飽和脂肪酸。

☑三種不飽和脂肪酸，只有兩種和發炎有關

另一方面，「不飽和脂肪酸」又可因化學結構的差異，進一步分成三種：

◎ Omega-3 脂肪酸。
◎ Omega-6 脂肪酸。
◎ Omega-9 脂肪酸。

Omega-3 脂肪酸的代表是 EPA、DHA 和次亞麻油酸（α-Linolenic Acid）。多含於魚油、紫蘇油、亞麻籽油、奇亞籽油、核桃等。

Omega-6 脂肪酸的代表是亞麻油酸。多含於紅花籽油（紅花油）、玉米油、大豆油、葵花籽油等，經常用來當成炸油或沙拉油的食用油。

脂肪酸的分類

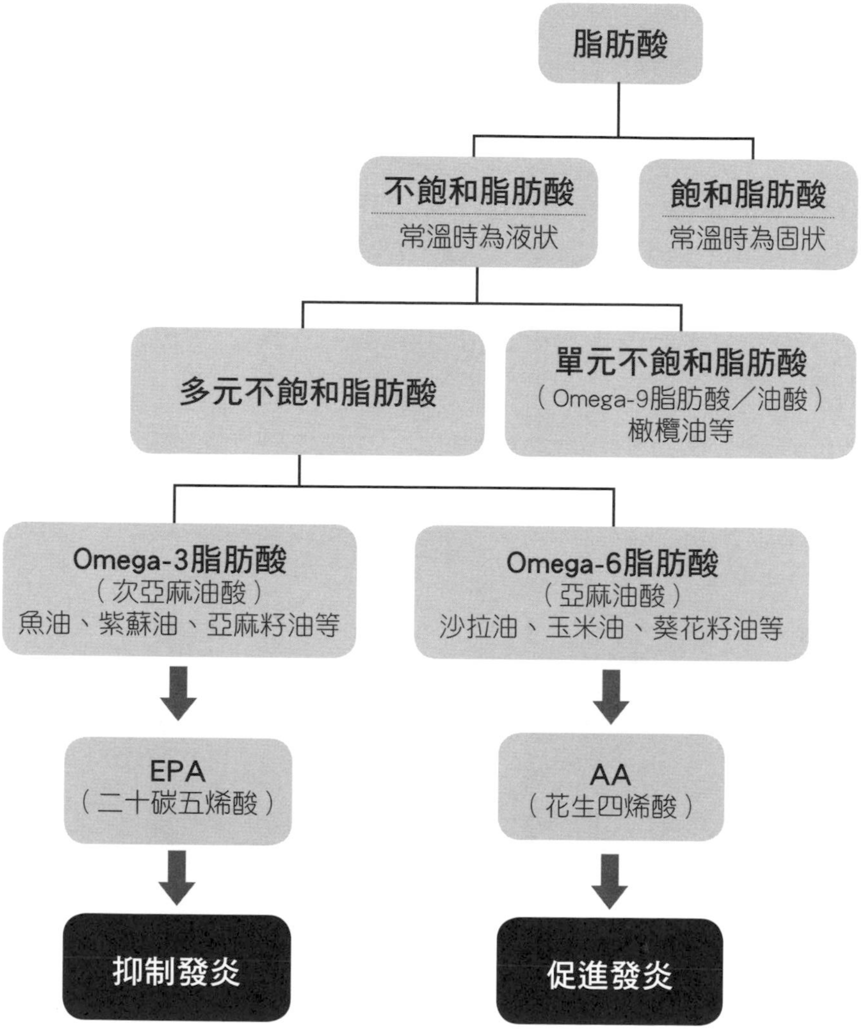
脂肪酸
不飽和脂肪酸
常溫時為液狀
飽和脂肪酸
常溫時為固狀
多元不飽和脂肪酸
單元不飽和脂肪酸
（Omega-9脂肪酸／油酸）
橄欖油等
Omega-3脂肪酸
（次亞麻油酸）
魚油、紫蘇油、亞麻籽油等
Omega-6脂肪酸
（亞麻油酸）
沙拉油、玉米油、葵花籽油等
EPA
（二十碳五烯酸）
AA
（花生四烯酸）
抑制發炎
促進發炎

Omega-9 脂肪酸的代表是油酸（Oleic Acid）。多含於橄欖油或部分品種改良的紅花籽油、葵花籽油等食用油。

突然又出現一堆陌生的字眼了，大家是不是眼花了呢？總而言之，Omega-3 脂肪酸之一的次亞麻油酸，約有五％左右會在體內轉換成 EPA 或 DHA；Omega-6 脂肪酸之一的亞麻油酸，則會在體內被轉換成花生四烯酸。

結論就是：

◎ Omega-3 脂肪酸可變成 EPA 或 DHA，抑制發炎。
◎ Omega-6 脂肪酸會變成花生四烯酸，一旦攝取過量，就會促進發炎。
◎ Omega-9 脂肪酸不會和 Omega-3 或 Omega-6 相互競爭，與發炎幾乎無關。

5 現代人的EPA、DHA吃得都不夠多

EPA、DHA和花生四烯酸之間的平衡很重要，換句話說，就是要設法**維持 Omega-3 脂肪酸和 Omega-6 脂肪酸的平衡**。更重要的是，Omega-3 脂肪酸和 Omega-6 脂肪酸沒辦法在體內合成，所以全部得透過飲食攝取。

因此，**體內的 Omega-3 脂肪酸和 Omega-6 脂肪酸的平衡，取決於日常生活的飲食**。如果平常吃東西時沒有多加注意，體內抑制發炎的油和促進發炎的油兩者間的平衡就會改變。

請各位再次比較看看第一六三頁的 Omega-3 食用油和 Omega-6 食用油。然後，請試著回想平日的飲食習慣。大家覺得如何呢？

有沒有發現，**Omega-3 食用油幾乎都是些不太熟悉的油品？**

你的 Omega-3 脂肪酸攝取得夠多嗎？

現代人都吃太多 Omega-6 脂肪酸了。

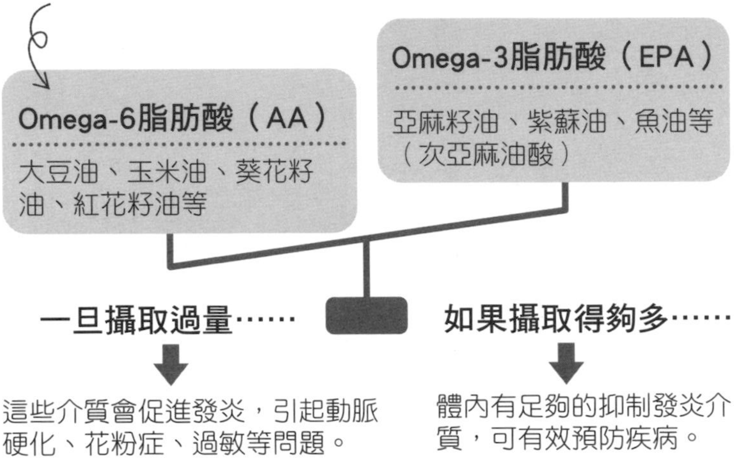
Omega-6脂肪酸（AA）
大豆油、玉米油、葵花籽油、紅花籽油等
Omega-3脂肪酸（EPA）
亞麻籽油、紫蘇油、魚油等（次亞麻油酸）
一旦攝取過量……
如果攝取得夠多……
這些介質會促進發炎，引起動脈硬化、花粉症、過敏等問題。
體內有足夠的抑制發炎介質，可有效預防疾病。

經常吃魚的人倒還好，但**亞麻籽油、紫蘇油這些植物油，如果沒有刻意留意，平常幾乎不太有機會食用。**

相反的，在體內變成花生四烯酸的Omega-6，全都是大家所熟悉的油類。因為價格便宜、容易取得，所以外食、油炸食品或熱炒幾乎都是採用Omega-6的植物油，點心或麵包等食品也經常使用。各位在選購時，**原料名稱中若標註「植物油脂」或「植物油」的品項，幾乎都是Omega-6食用油。**

那我多吃點魚總可以了吧？

其實從日本的國民平均脂類攝取量來看，近年來，日本人的魚脂類攝取量並沒有減少。如同第一六八頁的圖表顯示，近來人們對魚脂類的攝取量雖然和過去相差不大，但肉脂類的攝取量和 Omega-6 植物油的攝取量卻大幅增加。因此，Omega-3 和 Omega-6 才會失衡。

所以，**就算你常吃魚，也未必就能安心**。儘管吃進了夠多的 Omega-3，**但或許你吃下去的飽和脂肪酸或 Omega-6 脂肪酸也一樣很多。**

這樣一來，相對於總脂肪的 EPA 比例（見第一六九頁圖表）就會逐漸下降；與此相對的，罹患腦中風或缺血性心臟病（例如狹心症或心肌梗塞等）的比例則會增加。可以想見其他如過敏或與發炎相關的嚴重疾病，大概也是相同的情況。

雖然 Omega-3 脂肪酸（EPA、DHA）和 Omega-6 脂肪酸（花生四烯酸）失衡並非使人患病的主因，但就像第二章提過的，慢性發炎正是所有現代常見疾病持續增加的主要原因之一。

現代人的飽和脂肪酸或 Omega-6 脂肪酸攝取量日益增加

● 日本國民脂類攝取量的年度變化

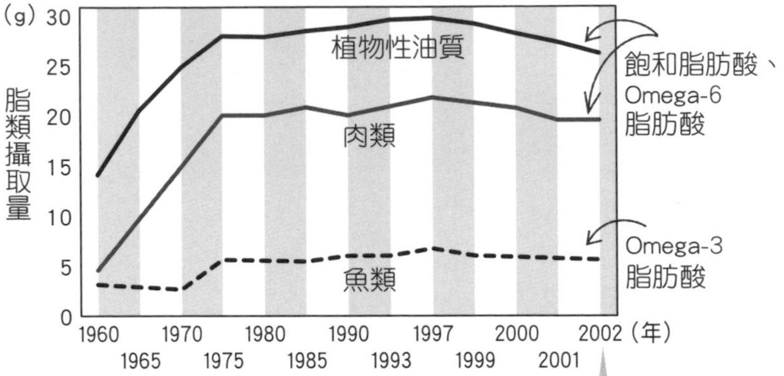

現代人的飲食中，飽和脂肪酸或Omega-6脂肪酸攝取量日益增加；Omega-3則維持在一定數值，相形之下，前者遠比後者高出許多。

資料來源：《國民營養的現狀》（第一出版／1995年度版、2001年版）、《國民營養的狀況》（厚生勞動省）

EPA 消耗量與動脈硬化性疾病死亡率的關係

● EPA消耗量和動脈硬化性疾病的死亡率

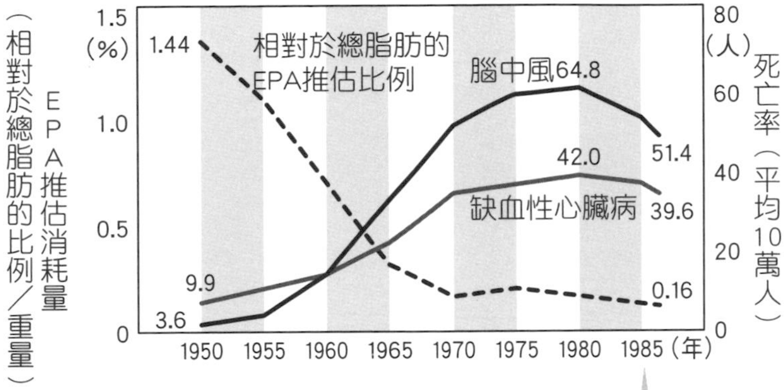

自1950年代以來，日本國民的EPA推估消耗量逐年降低，於此同時，因腦中風及缺血性心臟病等惡疾死亡的人口則有攀升趨勢。

資料來源：《在我國營養中，對 EPA 和 EPA 乙基酯的血清脂質的效果》秦葭哉他／《第 3 屆心臟血管藥物療法國際會議 Satellite Symposium 演講紀錄集》（Medical Tribune）

6 跟著心血管權威這樣吃，有效抑制發炎

本章的專有名詞可能稍微多了點，先替大家複習一下。

◎現代人攝取過量的 Omega-6 脂肪酸（花生四烯酸＝促進發炎的油）。
◎Omega-3 脂肪酸（EPA、DHA＝抑制發炎的油）則攝取較少。

接下來我將提供具體的飲食建議，只要在日常生活中聰明地攝取油類，即可有效抑制慢性發炎。大致上可分為三大方法。

【方法一】多吃富含 EPA 和 DHA 的魚類。

雖然一般的肉類（包含紅肉及白肉）容易引起發炎，但同時也是人體不可或缺的重要蛋白質。**建議大家交錯地攝取**，例如中餐吃肉，晚餐就吃魚，像這樣肉類和魚類輪流交替著吃就可以了。

【方法二】多攝取含有次亞麻油酸成分的亞麻籽油和紫蘇油，可在體內轉換成 EPA、DHA。

【方法三】如果你真的很不喜歡吃魚，卻又希望多補充相關營養素時，就改吃含有 EPA、DHA 的營養補充品吧！

坦白說，比起市面上販售的營養補充品，我更建議食用醫師處方籤的**高純度「EPA 製劑」（EPADEL）和「EPA & DHA 製劑」（LOTRIGA）**。上述兩者都是治療高脂血症的藥物，含有從魚油中萃取出的 EPA 或 DHA，純度高達九成以上，不必擔心戴奧辛（Dioxins）等有毒物質。

許多高脂血症的患者在服用 EPA & DHA 製劑，並減少攝取富含 Omega-6 脂肪酸的沙拉油後，不但膽固醇數值下降，甚至治癒了花粉症、肌膚也變漂亮了。

話雖如此，但 EPA 製劑、EPA & DHA 製劑只能開立給患有高脂血症的人。沒有這類疾病者，就盡量從市售營養補充品中，找出純度最高者來食用吧。

順道一提，我每天都會服用由乳酸飲料大廠可爾必思（CALPIS）推出的營養產品「溫和護理＋EPA & DHA」。其外型是食用膠囊，含有可強化血管內皮細胞、降低血壓的 LTP 成分，並添加了 EPA、DHA 等營養素，推薦給擔心血壓或血管疾病的人。

儘管營養補充品食用方便，但我還是建議大家，盡量透過日常飲食攝取 EPA 或 DHA，**從原本的食物當中吃到的營養素一定是最完整的**。

以下我們就透過 Q&A 的方式，來介紹攝取 EPA、DHA 的祕訣。

◎天天吃魚，攝取EPA、DHA〈挑魚篇〉

Q

下列選項中，哪種魚的DHA含量最多？

（1）鯖魚
（2）鰻魚
（3）養殖鮪魚的瘦肉

A 養殖鮪魚的瘦肉，其DHA含量並不比野生品種來得少。

說到富含EPA、DHA的魚類，大家應該會想到竹筴魚、鯖魚、秋刀魚、沙丁魚、鮪魚等。另外，被視為高級食材的鰻魚，也含有豐富的EPA及DHA。

但在問題的三個選項中，最值得關注的是「養殖鮪魚瘦肉」。其實鮪魚的瘦肉（大肉）和肥肉（包含中腹肉及大腹肉）的EPA、DHA含量完全不同，若真要比較，**鮪魚的肥肉EPA、DHA含量較高**。

兩者之間有什麼差別？以同一尾黑鮪魚平均每100g的可食用部位來說，其EPA、DHA的含量分別是：

瘦肉……EPA 27 mg、DHA 120 mg。

肥肉……EPA 1400 mg、DHA 3200 mg。

如何？是不是差很多呢？所以，如果要吃鮪魚的話，會建議「肥肉比瘦肉更

養殖鮪魚的瘦肉即含有豐富的 EPA、DHA

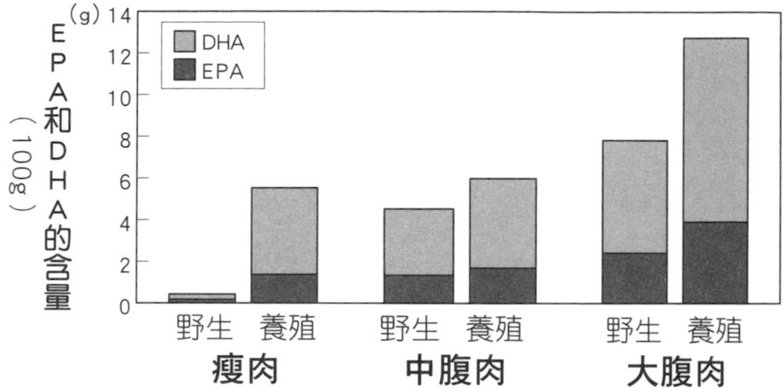

資料來源：日本水產株式會社「生活機能科學研究所」的調查資料

好」，不過，這是**指野生品種的鮪魚**。日本國產的養殖鮪魚為了讓油脂更為豐富，都會以富含EPA和DHA的鯖魚餵養，所以吃了這些鯖魚的鮪魚，體內的EPA、DHA自然也會更多。因此，**養殖鮪魚的瘦肉部位，EPA、DHA的含量幾乎和中腹肉、大腹肉沒什麼差異，甚至比其他的魚種都來得更多**。

因此，本題的答案是（3）**養殖鮪魚的瘦肉**。

過去大家都認為野生鮪魚才是上上之選，但如果基於經濟問題而想選擇養殖品種的話，其實營養成分也是很高的，請安心選購吧！

魚種類別的 EPA、DHA 含量 ①

● 生食的場合（可食用部位每100g的含量）

	EPA	DHA
黑鮪魚（腹肉、野生種）	1400mg	3200mg
白帶魚	970mg	1400mg
鰤魚	940mg	700mg
秋刀魚	850mg	1600mg
斑點莎瑙魚	780mg	870mg
銀鮭（鮭魚、養殖）	740mg	1200mg
白腹鯖	690mg	970mg
真鯛（養殖）	520mg	780mg
鰤魚（養殖）	450mg	910mg
鰹魚（秋季捕獲）	400mg	970mg
日本竹筴魚	300mg	570mg

資料來源：文部科學省「脂肪酸成分表」

◎天天吃魚，攝取EPA、DHA〈烹調篇〉

Q

假設你今晚準備吃魚料理，哪種烹調方式可攝取更多EPA、DHA？

（1）用平底鍋煎

（2）用烤網烤

A 用烤網烤魚，會使優質的魚油流失。以煎煮或是包鋁箔紙烘烤的方式最佳。

珍貴的魚油很容易氧化，一旦加熱就會溶出。因此，如果想盡可能攝取魚類富含的EPA、DHA，最重要的就是**挑選新鮮的魚**。

其次的關鍵是，**如何烹調，才不會讓油脂流失？**用烤網烘烤，魚肉中多餘的水分會滴落、蒸散，口感更香脆，但於此同時，珍貴的魚油也會跟著流失。如果使用平底鍋烹調，就能完整保留魚油（從魚肉中流出，布滿整面鍋子），溶出的油也可以製作成醬汁。所以，正確答案是（1）**用平底鍋煎**。

更好的方法是以鋁箔紙包裹再烤，可以連同魚油一同包覆，避免流失。大家可以先在魚肉上**淋上特級初榨橄欖油**，不但能夠增添風味，同時也能抑制EPA或DHA氧化。

魚料理的 EPA、DHA 含量會依烹調方式改變

把魚肉做成生魚片最優，大大推薦！

以烘烤方式烹調魚肉，會有20%的EPA、DHA 流失。
把魚肉用鋁箔紙包覆後再烤，可有效防止魚油流失，相當推薦！

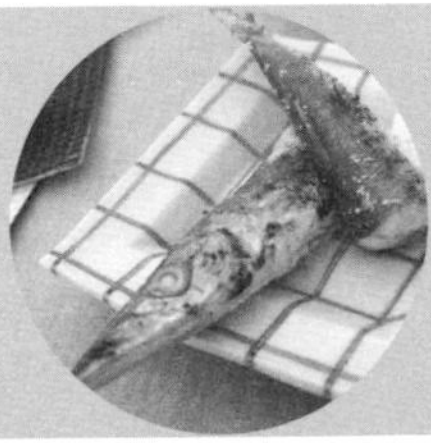

燉魚、煮湯等烹調方式可將 EPA、DHA 溶入湯汁，在喝湯的同時攝取營養素。

用熱油炸魚，大約會流失50%的 EPA、DHA，較不推薦。

除此之外，我也建議蒸煮料理或煮湯，在喝下湯汁的同時就攝取了營養素。如果是燉煮料理的話，建議湯汁要煮淡一些，減少鹽分、糖分。如此一來，就可以完整攝取溶入湯汁的EPA、DHA。

我最為推薦的魚肉烹調方法，是**不加熱的生食**。和生食狀態的食用方式相比，烹煮或煎煮等方式，會使EPA、DHA流失二成，大約只剩八成左右。**如果你把魚肉拿去炸，裡頭的優質魚油幾乎有一半都會變質，成為毫無健康價值的料理，因此我較不建議這麼做。**

單吃生魚片或許有些乏味，大家可以試試薄片冷盤（Carpaccio）、醃泡，或是當成沙拉的配料（例如生魚片沙拉）、拌上芝麻醬油或味噌沾醬，只要稍微來點變化，菜色就會更豐富多元。

◎天天吃魚，攝取ＥＰＡ、ＤＨＡ〈罐頭篇〉

Q

今天想簡單吃鮪魚罐頭攝取 EPA、DHA，購買時應該選哪一種？

（1）無添加食鹽
（2）無油（水煮）
（3）含有塊狀魚肉

A 鮪魚罐頭要選擇無添加多餘油脂的種類。

讀到這裡，大家都知道平時要多吃魚料理了，但每天都要上市場買魚、清洗後再烹煮或許挺費工的。想吃簡單又便宜的魚料理時，鮪魚罐頭是個不錯的選擇。

鮪魚罐頭的原料大多是鮪魚或鰹魚，含有豐富的EPA、DHA。每次走到超市的罐頭區，總是可以看到各式各樣的鮪魚罐頭。對**在意血壓問題的人**來說，**無添加食鹽的種類**是重要的關鍵；但對於**想攝取優質油脂的讀者**來說，要注意的仍是**烹調方法**。鮪魚罐頭的烹調方式，主要有**油漬**、**加油水煮**、**水煮**三種。**想攝取優質油脂的時候，請務必選擇水煮類型**。所以正確答案是（2）**無油（水煮）**。

因為油漬或加油水煮類型所使用的油，大多都是大豆油、葵花籽油等亞麻油酸較多的Omega-6脂肪酸。不光是鮪魚罐頭，鯖魚、秋刀魚等其他魚類罐頭，同樣也推薦簡單的水煮類型。

魚種類別的 EPA、DHA 含量 ②

● 烹煮食用的場合（可食用部位每100g的含量）

	EPA	DHA
沙丁魚（罐裝、水煮）	1200mg	1200mg
鯖魚（罐裝、水煮）	930mg	1300mg
鰻魚（蒲燒）	750mg	1300mg
秋刀魚（烤）	560mg	1200mg
竹莢魚（剖開曬乾、烤）	560mg	1300mg
鰤魚（烤）	1000mg	1900mg

資料來源：文部科學省「脂肪酸成分表」

如果水煮類型的鮪魚罐頭太過清淡，口感稍嫌不足的話，最近因為健康意識抬頭，**市面上也有使用Omega-3或Omega-9食用油的油漬罐頭**。所以購買前先確認一下原料，挑選使用亞麻籽油、紫蘇油或橄欖油的商品即可。

至於罐頭內容物是以肉塊或碎片方式呈現，並沒有太大影響。各位可依照個人喜好選購。

◎多吃含 Omega-3 的油脂攝取 EPA、DHA〈挑選篇〉

Q

下列哪種油的 Omega-3 脂肪酸較多？

（1）綠色堅果油

（2）椰子油

（3）葡萄籽油

A　Omega-3 的代表性食用油是亞麻籽油、紫蘇油、綠色堅果油。

我在問題中列出了三種健康的食用油，其中最常見的應該是**椰子油**。市場評價多為「有益美容和健康」，在這樣的好評之下，最近在一般超市也買得到了。

椰子油有益於腦部健康，這正是它開始受到關注的契機。尤其是可以**改善阿茲海默型失智症**，其效果已獲得認同。

「椰子油對腦部有益？是因為DHA的關係嗎？」或許有人會想這樣問，但其實椰子油的成分中，有將近九成都是**名為「中鏈脂肪酸」（Medium-Chain Fatty Acid）的飽和脂肪酸**，而非 Omega-3 脂肪酸。

那麼，椰子油為什麼對失智症患者的腦部有效呢？以下我們簡單說明一下。失智症患者的腦部之所以出現異常，是因為無法正常使用葡萄糖、缺乏養分的關係，而**中鏈脂肪酸會在體內轉變成「酮體」（Ketone Bodies）以取代葡萄糖，成為腦部**

的能量來源。

由此看來，椰子油對失智症的效果是值得期待的，但對健康無虞的人來說，攝取過多飽和脂肪酸，就會導致肥胖，不可不慎。

接著談談葡萄籽油，顧名思義，這是從葡萄種子萃取出的油。說到葡萄，最為人所知的就是「多酚」（Polyphenol）成分，葡萄籽油的多酚同樣豐富，更因為**具有抗氧化、抗老化的作用**而受到矚目。然而，若以脂肪酸的比例來看，葡萄籽油有將近占七成是亞麻油酸（屬Omega-6），也就是說，**儘管葡萄籽油能抗氧化，但同時也會促進發炎**。

讀到這裡，大家就知道本題的答案是（1）**綠色堅果油**，Omega-3脂肪酸含量較多。綠色堅果油又稱「印加果油」（Inca Inchi Oil）、「美藤果油」（Sacha Inchi Oil），其原料是生長於在南美熱帶雨林，名為印加果（美藤果）的植物種子。和亞麻籽油、紫蘇油相同，**綠色堅果油的次亞麻油酸（屬Omega-3）含量超過五〇%**。

然而，綠色堅果油的香氣獨特，不愛吃堅果的人可能無法接受。建議大家可以先購買小瓶裝嘗試看看。

◎多吃含 Omega-3 的油脂攝取 EPA、DHA〈使用篇〉

Q

攝取 Omega-3 食用油的最佳方法是什麼？

（1）用來淋在生菜上吃，取代沙拉醬

（2）加進味噌湯或其他湯品裡

（3）當成調理油使用

A

Omega-3食用油不耐高溫，不適合拿來當調理油。建議在果汁裡或料理的最後步驟（關上爐火、溫度最低的時候）加上一小茶匙即可。

亞麻籽油、紫蘇油、綠色堅果油，這些含有Omega-3脂肪酸的食用油，**會在體內轉化為次亞麻油酸，用以取代EPA、DHA**。因此，不方便吃魚時，可以改吃這些油類。每日食用標準是**一～二小茶匙左右，只要一點點就夠了**。

然而，Omega-3脂肪酸的食用油有兩項缺點：

◎ 容易氧化。
◎ 加熱後，次亞麻油酸容易遭到破壞。

池谷醫師的每日胡蘿蔔汁

〔材料〕

- 胡蘿蔔 1又1/2條
- 蘋果1/2顆
- 檸檬1/2顆
- 亞麻籽油（或特級初榨橄欖油）1或1/2小茶匙

〔製作方法〕

將食材用低速果汁機攪拌後，再加入亞麻籽油即可。

因此，其保存的方式與攝取方法都必須多加留意。首先，在防止氧化這方面，不可將Omega-3食用油放置在溫度較高或陽光直射的場所，建議放進冰箱保存。

接著，**開封後應盡快使用完畢**。Omega-3食用油一旦氧化，味道、營養價值都會改變，因此，**請以一個月為目標，盡早使用完畢**。

最後，在不耐高溫這部分，由於次亞麻油酸受熱後容易流失，因此**Omega-3食用油不適合加熱烹調**。

我個人比較建議建議大家**以低溫或是生食的方式攝取Omega-3油脂**。例如和鹽巴、胡椒、醬油或柚子醋混合後，用來取代沙拉醬，當作納豆或冷豆腐的淋醬，或是混進優格食用。由於Omega-3油脂的味道通常比較淡，所以和各種不同的料理搭配都很適合。

另一方面，雖然Omega-3食用油不耐高溫，不過，如果**先把溫熱的湯汁盛到小碗裡面，然後再把一小茶匙的油加進去，就不會有問題了**。所以，本題的答案是**（1）用來淋在生菜上吃，取代沙拉醬**，和**（2）加進味噌湯或其他湯品裡**。

話雖如此，和亞麻籽油、紫蘇油相比，**綠色堅果油比較不容易氧化**，所以如果是五~十分鐘左右的短時間烹調，仍可以用於加熱烹調。

此外，我每天都會自己榨果汁，並加上一小茶匙亞麻籽油。把胡蘿蔔、蘋果和檸檬放進果汁機攪拌，倒進杯子裡，再加入亞麻籽油即可，這是我每天早上必喝的保養聖品。

大家若覺得每天吃魚很麻煩的話，可在料理中加上一小茶匙Omega-3食用油。請務必嘗試看看。另外，各位也可以依個人喜好，改為添加Omega-9的特級初榨橄欖油，相當美味。

◎多吃含 Omega-3 的油脂攝取 EPA、DHA〈調理油篇〉

Q 熱炒、煎煮料理時，適合使用哪一種油？

（1）亞麻籽油

（2）橄欖油

（3）芝麻油

A 含Omega-9的橄欖油最適合用來烹煮料理。

前面我雖然建議各位積極攝取Omega-3食用油，但其最具代表性的亞麻籽油和紫蘇油卻不耐高溫，並不適合加熱調理。那麼，加熱調理的時候應該使用哪種油呢？我們先回頭複習一下，選擇油品時的兩個重要觀念：

◎注意攝取抑制發炎的油＝Omega-3。

◎減少食用促進發炎的油＝Omega-6。

Omega-6食用油要少吃；Omega-3食用油又不適合加熱。因此，我建議大家使用**不會和 Omega-3 脂肪酸競爭，也幾乎不會導致發炎的 Omega-9 脂肪酸食用油。**

Omega-9 脂肪酸不容易氧化，結構也相當穩定，很適合加熱調理。最具代表性的就是橄欖油。橄欖油所含的脂肪酸有六〇～七〇％都是油酸（Omega-9 脂肪酸）。所以本題的正確答案是（2）**橄欖油**。

大家可以先用橄欖油進行高溫烹調（編按：橄欖油烹調的溫度上限約為攝氏一九〇～二二〇度，若高於此溫度，油品就會質變，產生有害物質，而一般家庭烹調大約是二〇〇度左右），之後再把 Omega-3 食用油淋在上頭（或直接加在生食料理上食用）。如此一來，就幾乎不會用到 Omega-6 食用油了。

不過，就調理油來說，芝麻油應該是許多人廚房裡的常備調理油。芝麻油所含的脂肪酸有一五％左右是飽和脂肪酸，剩下的則為亞麻油酸（Omega-6）和油酸（Omega-9），兩者約各占一半。

相較於一般的沙拉油，芝麻油的油酸比例儘管較高，但**和橄欖油相比，芝麻油的 Omega-6 仍稍高了些**，所以日常調理時還是建議使用橄欖油較佳。

7 少吃甜食、油炸物，別讓反式脂肪酸害你生病

前面我們以Q&A的形式介紹了EPA和DHA的攝取方法，大家對於日常食用油的選擇方式，應該已有初步認識了。

以下我想再和大家談談**反式脂肪酸**（**Trans Fatty Acid**）的話題。大家是否聽過**「反式脂肪酸對身體有害」**這個說法？不久前，「人造奶油有礙健康」的話題喧騰一時，原因就是內含反式脂肪酸。

所謂反式脂肪酸，指的是把常溫下呈液狀的油脂，加工成半固體或固體的過程中生成的脂肪酸，這是不存在於自然界的物質。

大家還記得嗎？一旦引起發炎的介質增加，就會形成慢性發炎的根源。現在已經有報告指出，**攝取過量反式脂肪酸者，將更容易出現肥胖、糖尿病，甚至心臟病**

等問題。

若把反式脂肪酸與Omega-6脂肪酸（花生四烯酸）相比，後者是「雖然有必要，但最好避免攝取過量的油脂」，**但人體完全不需要反式脂肪酸，吃多了只對身體有害。**

最近，市面上已經出現不含反式脂肪酸的人造奶油了，但大部分的人造奶油還是含有一～一〇%的反式脂肪酸。除此之外，**調理包、速食、零食、甜點麵包、烘焙點心等，全都是含有反式脂肪酸的食品。**大家在購買時請務必檢查原料名稱，如果包裝上面有寫人造奶油、酥油、脂肪抹醬（Fat Spreads）或加工油脂，大多都含有反式脂肪酸。

☑氧化過的油千萬別吃

另一種大家應盡量避免的物質，就是「氧化脂質」（Lipid Peroxide）。這是指**被空氣中的活性氧氧化之後的油脂**。氧化脂質一旦進入體內，就會傷害細胞，並造成體內的活性氧增加，同時引起發炎。

那麼，日常生活中有哪些油類屬於氧化脂質呢？**炸過後，放置一段時間的油炸食物、重複使用的炸油、零食、速食等食品**，都是含有氧化脂質的代表。

挑選外食時，請格外留心，別把這些使身體悶燒的根源吃下肚。

● 日常中常見的反式脂肪食品，以及反式脂肪酸含量（概略範圍）

食品群	品名	調查件數	脂質含量（g／100g）	反式脂肪含量（g／100g）
油脂類	奶油	13	81.7～84.7	1.7～2.2
	起酥油	10	100	1.2～31
	脂肪抹醬	14	56.4～79.0	0.99～10
	食用調合油	12	100	0.73～2.8
	豬油	3	100	0.64～1.1
	人造奶油	20	81.5～85.5	0.36～13
	食用植物油	10	100	0.0～1.7
	牛油	1	100	2.7
穀類	牛角麵包	6	17.1～26.6	0.29～3.0
	調味爆米花	1	36.8	13
調味料、香辛料類	美乃滋及美乃滋類型的沙拉醬	8	70.6～79.3	1.0～1.7
	咖哩醬	5	32.9～39.9	0.78～1.6
	燴飯醬	5	26.9～36.2	0.51～4.6
乳類	複合乳油	2	27.9～41.1	9.0～12
	鮮奶油	2	46.7～47.6	1.0～1.2
	咖啡奶油	6	11.3～31.7	0.011～3.4
點心類	海綿蛋糕	4	19.9～23.6	0.39～2.2
	千層派	5	23.7～37.7	0.37～7.3
	餅乾	8	14.0～32.6	0.21～3.8
	半熟蛋糕	3	30.5～32.2	0.17～3.0
	比司吉	7	9.8～28.9	0.036～2.5

資料來源：日本農林水產省

8 「抗氧化力」較強的蔬菜，「抗發炎力」也較高

前面針對油品的部分做了說明，在本章節的最後，我們來談談蔬菜吧。

多吃蔬菜很重要，這件事不用說大家都知道。但各位可能不知道，**吃對蔬菜也可有效抑制體內悶燒**。

平常在吃飯的時候，建議大家先從蔬菜開始吃起，除了可以預防飲食過量之外，蔬菜所含的豐富食物纖維，也**可以預防血糖值急速攀升**，同時改善腸內環境。另一件令人振奮的事，在於蔬菜富含的**抗氧化物質**。

第一章已經針對氧化做過說明了，為了怕大家忘記，我簡單複習一下。所謂氧化，指的是物質與氧氣結合所產生的反應。人們常說「**人體氧化＝身體生鏽**」，就是這個道理。

人們吸進體內的空氣中，有二％必然會成為氧化力強大的有害活性氧，所以人體原本就具備抑制活性氧的能力（＝抗氧化力）。因此，在正常情況下，少量的活性氧並不會構成危害。然而，活性氧一旦增加過多，身體就會處理不及，在體內的各個部位引起氧化壓力。尤其，**抗氧化力會隨著年齡增長而逐漸衰退，所以年齡越高，越容易發生氧化壓力**。

氧化壓力一旦發生，發炎就會像用打火石敲打出的火花一般，開始飛濺、擴散。換句話說，**有氧化壓力的地方，就會出現發炎症狀**。反過來說，**只要提高抗氧化力，不讓氧化壓力發生，就可以減少慢性發炎**。

☑植物也需要抗氧化嗎？

因此，我建議大家，一日三餐最好都能攝取抗氧化作用較高的蔬菜。

植物本身因為不會移動，為了避免遭受紫外線等傷害，會自行製造出稱為「植化素」（Phytochemical，又稱植物生化素〔Hytochemicals〕）的成分，用來保護自己。這就是植物擁有抗氧化力的原因。

另外，蔬菜或水果中所含的**維生素C**；堅果類或橄欖油等食材內所含的**維生素E**，也具有極高的抗氧化力。

請各位每天積極攝取這類抗氧化物質，作為預防發炎的起點。

9 既是「大自然的恩惠」，就要連皮、帶籽完整享用

植化素是植物的顏色、氣味、鹼液、苦味、澀味等所含的成分，據說種類多達數千種。

以下我將為大家介紹一些富含代表性植化素的食材，以及具有抗氧化作用的維生素E、維生素C食物。

〈富含代表性植化素的食材〉

【多酚】

◎槲皮素……洋蔥、蘋果。

◎大豆異黃酮……大豆。

◎花青素……茄子、紅洋蔥、藍莓、葡萄。

【類胡蘿蔔素】

◎β－胡蘿蔔素……胡蘿蔔、菠菜、紫蘇、韭菜、蕪菁葉、南瓜等綠黃色蔬菜。

◎番茄紅素……蕃茄、西瓜。

◎辣椒紅素……菜椒（紅）、紅辣椒。

【硫化合物】

◎阿離胺酸（Allysine）……蒜頭、洋蔥。

◎硫化丙烯……蒜頭、洋蔥、蔥、韭菜。

◎蘿蔔硫素……青花菜、花椰菜。

〈富含維生素 E 的食物〉

芝麻、杏仁、酪梨、南瓜、菜椒、蕪菁葉……等。

〈富含維生素 C 的食物〉

菜椒、青椒、芽甘藍、青花菜、花椰菜、檸檬……等。

我很常被問到：「抗氧化力特別高的蔬菜是什麼？」但天底下並不存在「只要吃了這個，就百分之百沒問題」的萬能食材。

就拿青花菜的嫩芽：青花椰苗（Broccoli Sprout）來說吧，雖然各供應商種植的產品一定有差異，不過概括來說，**青花椰苗所含的蘿蔔硫素，是成熟青花菜的十倍、二十倍之多**。蘿蔔硫素是擁有強大抗氧化力的植化素，儘管如此，並不代表只要每天都吃青花椰苗就可以高枕無憂。

我的建議是，**與其每天吃固定的蔬菜，不如搭配不同種類，同時攝取抗氧化力**

較高的維生素E、維生素C和植化素，更能夠提高效果。

另一個重點是**完整食用**。植物外側的外皮及內部的種子都含有植化素，所以連皮、帶籽地一起吃下肚，才不會辜負這些大自然的恩惠。

以下，我們再次透過Q&A的形式，來談談蔬菜水果的相關知識。

◎蔬菜怎麼吃，營養才不流失？

Q

下列哪種方法，可以更有效攝取蔬菜中所含的植化素？

（1）生菜沙拉

（2）加熱食用的蔬菜（如燙青菜、炒青菜）

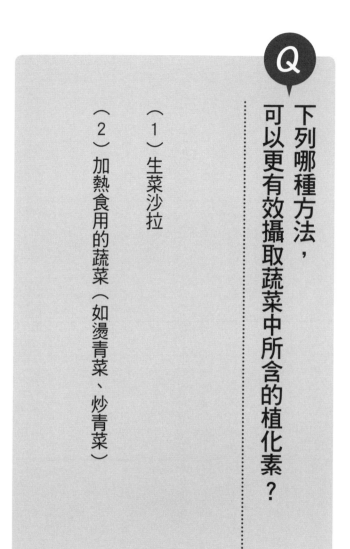

A 若想完整攝取植化素，建議加熱調理。

依照營養素種類的不同，有些蔬菜生吃比較好，有些則是加熱較佳。本題的重點為「如何更有效地攝取植化素」。

首先，我們要先了解植化素的所在位置。植化素藏在堅硬的細胞壁裡，被包圍在細胞膜當中，處於植物細胞深處。如果直接將蔬菜生吃，有時植化素很難在體內分解，而是會在仍被包覆於細胞內部的狀態下，原原本本地被排出體外。因此，**比起生菜沙拉，我更建議將蔬菜加熱後食用**。所以正確解答是（2）。

植化素可耐高溫，所以加熱、破壞細胞壁後再食用，可以更有效地攝取植化素，達到抗氧化的效果。順道一提，青花菜、花椰菜、芽甘藍、高麗菜等富含的**維生素C**，具有易溶於水且不耐高溫的特性，因此在**烹煮或泡水時，要盡可能地縮短時間**。

◎蔬菜怎麼吃，營養才不流失？

Q

下列哪種方法可有效吸收菠菜、小松菜、青江菜的 β－胡蘿蔔素？

（1）炒

（2）煮

A 綠黃色蔬菜富含的β－胡蘿蔔素，建議和油一起攝取。

β－胡蘿蔔素是植化素的一種，藏於許多鮮豔色澤的綠黃色蔬菜（如南瓜、胡蘿蔔等）裡頭。食用β－胡蘿蔔素之後，有一部分會在體內被轉換成維生素A，有利於維持皮膚、黏膜和眼睛的健康。

β－胡蘿蔔素的特徵是脂溶性，只要和油脂一起攝取，就可以提高在體內的吸收率。所以，比起水煮，用油炒更能夠提高攝取量，因此正確答案是（1）。

雖然醃漬蔬菜或生菜沙拉都相當美味，但仍建議以熱炒或烹煮的方式料理，再淋上沙拉醬或Omega-3食用油、橄欖油，β－胡蘿蔔素的吸收率就更高了，同時還能強化抗氧化力。

順道一提，芝麻含有大量的脂類，所以吃綠黃色蔬菜時，搭配芝麻也是個不錯的選擇。

◎蔬菜怎麼吃，營養才不流失？

Q

若要提高蒜頭的抗氧化力，哪種方式最好？

（1）磨成泥
（2）切碎
（3）切片

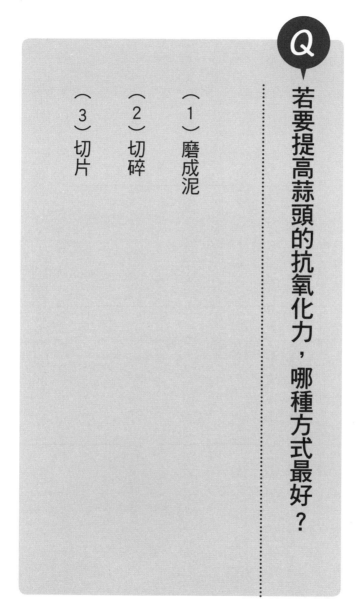

A 蒜頭磨成泥最有效，先預備起來放著吧！

說到蒜頭，美國國立癌症研究所於一九九〇年發表了《計畫性食品金字塔》（*Designer Foods Pyramid*），在「有效預防癌症的食物一覽表」中，把蒜頭定位在其金字塔的最頂端。蒜頭究竟有什麼驚人之處？最值得關注的就是「阿離胺酸」。蒜頭的獨特氣味就源自於阿離胺酸，具有相當強大的抗氧化作用。

當蒜頭裡的「蒜胺酸」（Alliin）成分遭到破壞、分解後，就會產生阿離胺酸。大家是否想到了什麼？沒錯，切蒜頭的時候，總是會散發出刺鼻的味道。那就是阿離胺酸所散發出來的氣味。**蒜頭切得越細碎，阿離胺酸就會增加越多**。因此，增加阿離胺酸的最佳方法就是磨成泥；其次則為切碎。因此正確答案是（1）。

值得注意的是，**把蒜頭磨成泥或切碎後，在空氣裡閒置一段時間，阿離胺酸就會增加得更多、抗癌效果也會更好。**

第5章

對策篇2

抑制發炎的生活小撇步

——改善體質，你得先放鬆

1 三分鐘簡單體操，打造健康身體，從此不知疲勞為何物

當人體出現燙傷、扭傷，或是流行性感冒等急性發炎的症狀時，只要去醫院看診，醫生總會交代要好好靜養。這是因為當身體在急性發炎時，若還硬要活動，症狀就會變得更嚴重，所以此時不宜運動。但針對**慢性發炎這個主題，多多運動才是上策**。因為規律運動對身體絕對有好處。

首先，本書反覆提及，導致身體悶燒的最大原因是肥胖，攝取的熱量超出消耗的熱量，正是導致脂肪蓄積的原因，所以**規律地活動身體，就能有效減少脂肪堆積，達到抗發炎的效果**。

另外，**壓力過大也會引起發炎**。**身體和心是相連的，適度運動可以紓解壓力，讓人更放鬆**；打坐冥想或瑜珈等較為靜態的活動也是不錯的選擇。

☑肌肉也會釋放抑制發炎的介質嗎？

前文提過，脂肪組織會釋放出體脂細胞激素，作用於全身，導致慢性發炎；相較於此，**肌肉也會釋放出「Myocytokine」（細胞激素）**。

Myocytokine 有什麼作用？目前還在研究當中，不過有一件已知的事實，那就是可以**抑制發炎**。研究發現，運動之後，肌肉會分泌出 Myocytokine；此外，在血管方面，活動身體之後，血液循環會變好，位於血管最內側的血管內皮細胞會**不斷釋出一氧化氮（Nitric Oxide，以下簡稱 NO），來修復損傷的血管**。

血管老化（動脈硬化）後會使血管內皮細胞受損、引起發炎。血管內皮細胞一旦受損，NO 的分泌量就會減少，陷入血管內皮細胞持續遭破壞的惡性循環。若要遏止這種現象，就必須不斷釋放 NO 給血管內皮細胞以修復損傷，而最快的方法，就是**藉由運動等方式來活動肌肉**。

簡單為各位整理一下，運動有下列幾種效果：

◎消除肥胖及壓力，避免體內發炎及悶燒。
◎使肌肉釋放出抑制發炎的細胞激素Myocytokine。
◎增進血液循環，釋放NO，並抑制血管壁發炎。

話雖如此，大家千萬不要因為想得到上述效果，而在短時間內進行激烈運動，造成身體過大負荷。尤其是平常很少運動的人，如果突然從事劇烈運動，反而容易引起發炎。建議各位**在燃燒脂肪時也別忘了喘口氣，達到燃脂與放鬆兼具的效果**。

為此，我設計了三套不受限於時間及地點，同時又能替身體滅火的體內消防體操。這三套體操不是那種會讓人汗流浹背的劇烈動作，因此，即便是不擅長運動的人，仍然可以放心地跟著做。

體內消防操1

身心靈都舒暢！釋放壓力的「殭屍體操」

第一套消防體操是「殭屍體操」。這是我獨創的回春招數，可讓全身的血管重返年輕時的狀態。基本動作包含了：

◎上半身……雙臂放鬆下垂，往前後擺動。

◎下半身……在原地輕緩地慢跑（踏步）。

這兩個動作組合起來的體操，就是殭屍體操。如同字面上的意思，大家可以想像自己變成殭屍，就像電影演的那樣，簡單搖擺、晃動四肢就行了。

訣竅就是**完全地放鬆肩膀和手臂**，就像小孩子在鬧彆扭、耍脾氣一樣，任由手臂自然搖擺晃動。這個動作可以舒緩頸部和肩膀，提高放鬆的效果。

這套體操是我家孩子們小時候鬧彆扭，我在安撫他們時想到的。孩子只要碰到不開心的事情，就會用全身的動作來表現不開心的情緒。而在徹底發洩、盡情耍脾氣之後，就會感覺通體舒暢，再次嶄露笑容。

我從中得到啟發，也跟著模仿，結果真的覺得暢快許多，這就是殭屍體操的由來。搖擺晃動的效果絕佳，再加上原地踏步，就可以增加運動量、提高脂肪燃燒的效果。

如果各位希望進一步提高紓壓之效，可在殭屍體操的中間，再加上另一個簡單的動作：

◎雙手在胸前合掌，用力往中間推擠後再放鬆。

搖擺上身、雙腳踏步，再加上合掌擠壓，紓壓效果就大大提升了。

☑殭屍體操三步驟

①基本姿勢

腹部稍微用力，挺直脊椎站立。

②搖擺晃動、雙腳踏步

在原地踏步，放鬆肩膀，像孩子使性子那樣，將雙臂自然搖擺晃動（大約維持一分鐘）。

※原地踏步一開始要慢慢來，習慣之後，可改用慢跑程度的速度。

③雙掌合十，用力往中間擠壓，再接著放鬆

停止踏步，雙手在胸前合掌，用力往中間推壓。

默數十秒後，再一口氣把兩掌鬆開。

※兩掌施力時，嘴巴微張，不要屏住呼吸。

步驟②搖擺晃動一分鐘後，接著做步驟③用力推壓後放鬆，這樣的動作須重複三次，大約歷時三分鐘。**這短短三分鐘左右的殭屍體操，可以得到相當於走路十分鐘的運動效果**。工作、做家事、甚至是電視節目進廣告的空檔，都很適合拿來做殭屍體操。不論是心理、身體，還是外貌，全都會變得相當舒暢、輕鬆。

體內消防操 2
訓練你的副交感神經！「身體石頭布體操」

和前一套專門活絡筋骨的殭屍體操不同，這套身體石頭布體操有助於紓壓，並刺激一氧化氮（NO）的分泌。當大家感覺生活疲勞、壓力有點大的時候，請務必試試看。

☑ 身體石頭布體操二步驟

①石頭

坐在地板上，雙手握拳，全身也像拳頭般縮成一團。

②布

打開手掌，雙手像高喊萬歲般上舉，同時大幅伸展上半身，接著把步驟①～②布重複做三次。

身體石頭布體操的動作是「把身體縮成一團，再大幅攤開」，殭屍體操則是「用力緊縮再放鬆」，兩種動作的共通點都是**先讓肌肉收縮，再接著放鬆**。

動作雖然簡單，卻是可瞬間活化副交感神經的紓壓方法，請在家試試看吧。

體內消防操3 提高入浴的放鬆效果！「泡澡石頭布體操」

上一段介紹的身體石頭布體操，也很推薦在泡澡時進行。身體泡進浴缸的瞬間，總是讓人覺得疲勞瞬間消散、極為舒適。除了泡澡本身的放鬆效果之外，若再加上刺激一氧化氮（NO）分泌、促進脂肪燃燒的話，不正是一石三鳥嗎？

☑泡澡石頭布體操三步驟

①入浴

全身自胸口以下，都浸泡在攝氏三十九～四十一度的洗澡水裡。

②石頭

雙手抱膝，把身體縮成球狀。

③布

把手臂、腳往前伸展，然後搖擺晃動。

泡澡石頭布體操雖然有助於全身放鬆，但泡澡時間若拉得太長，將對身體造成過大負擔。尤其是高齡、血壓偏高者，請注意下列幾個重點。

- 天冷時不宜長時間泡熱水澡，以免因四肢血管擴張，周邊血流量遽增，引發心血管或腦血管急症。**建議泡澡時間最好別超過十五分鐘**；起身時請務必小心，注意暈眩。

- 泡澡之前，別忘了先淋浴。
- 建議採用**只浸泡胸口以下的半身浴**。
- 泡澡水溫不宜過高，建議在攝氏三十九～四十一度左右。
- 冬天要注意浴室和脫衣處的室內溫差。脫衣處要用暖爐等用具暖房，淋浴時也得先以熱水溫熱身體。
- 泡澡之後要補充水分，以防止脫水。

2 戒菸就是在抗發炎

各位有吸菸的習慣嗎？

「我從沒聽過香菸對身體有害！」應該沒人會說這種話吧？

換句話說，大家明明知道抽菸對身體不好，但還是持續這樣的行為。或許是因為目前肺還沒有出問題，還不覺得健康受到危害吧？

但香菸確實會引起慢性發炎、造成體內悶燒。這是因為吸菸會增加體內的活性氧。香菸燃燒後產生的煙會在支氣管引起發炎，吸入體內後更會遍布全身。

活性氧一旦增加，身體原本具備的抗氧化力就會來不及處理，引發氧化壓力，進一步引起更多發炎……此部分就如同前面說明過的一樣。

就像這樣，香菸會讓全身的細胞氧化、加快悶燒速度。因此吸菸是真的會讓身體悶燒。換句話說，吸菸的人只要戒菸，就可以達到抗發炎的效果。而且，不光是你個人得到拯救，先前吸你二手煙的家人和周遭朋友，也可以同時預防體內發炎。

防火要在悶燒時就及時遏止，等到釀成火災就來不及了。

3 焦慮等於「同時抽三根香菸」的自虐行為

吸菸之後，體內的活性氧會增加，使全身的細胞氧化、加速悶燒。除此之外，**壓力也會增加活性氧，進一步促進發炎。**

慢性的壓力更是導致人體持續悶燒的原因。因此適時紓解壓力，也是重要的抗發炎對策。

可是，人生不可能毫無壓力。就算醫生交代「不要給自己太大壓力」，但大家心裡想的一定是：「要是真有這麼簡單，我就不用來找你看病了！」

導致壓力的原因很多，人際關係、職場、家庭環境等都是壓力來源。想改變這些應該很難吧？換句話說，就是因為無法改變他人，人們才會有這麼多的壓力。既然壓力永遠無法消除，大家不如學著**好好和壓力相處，學著接受、面對**，至少會變得輕鬆一些。

例如，當對方的言行舉止讓你感到焦慮的時候，就該採取一些對策了。**焦慮這種情緒，容易在事與願違的時候產生**。「他為什麼要那麼做？」當你覺得自己快要發怒的時候——「也是啦，對方會有那樣的想法也是難免的。」請像這樣試著接受對方的意見。

只要抱持這樣的想法，就算碰到言行舉止不如自己所願的對象，自然就會釋懷。「算了，世上的人百百種嘛！」像這樣轉念，壓力自然不會太大。

☑焦慮無法消除？那就運動吧！

而且，有件事情大家務必知道，憤怒、焦慮的情緒使交感神經興奮的時候，**對血管造成的壓力，等於你同時吸三根香菸**。

如果你本來就不吸菸，或是為了健康而終於戒菸成功，最後卻每天都因為某人的言行舉止而焦慮的話，豈不是太可惜了嗎？

如果光靠轉念仍無法停止焦慮，這個時候就該好好**活動筋骨**了。

當然，要選擇沒有勝負之分或是不會替你打分數的運動。以我個人的情況來說，高爾夫是我的興趣之一，但如果打出的成績不如自己所想，反而又會增加新的壓力。

本章一開始介紹的三種「體內消防操」，可有效幫助你紓壓、放鬆，在此推薦給各位。或者，**單純的散步，也有助於轉換心情**。這個時候，只要試著讓邁出的步伐比平常多出三～五公釐，同時收縮下腹部，就可以進一步提高一氧化氮的分泌、促進燃燒脂肪的效果。

如果真的沒辦法馬上活動身體，那麼我建議你**先深呼吸一口氣**。

從嘴巴慢慢吐氣之後，再從鼻腔慢慢吸氣，讓空氣進入腹部，然後再從嘴巴慢慢吐氣、使腹部凹陷。這就是**腹式呼吸**。

感到焦慮的時候，就長長地吐出一口氣。光是這樣就能活化副交感神經、減輕壓力。

4 利用漢方藥改變體質、告別發炎

在本書的最後，我要再重申一次，所謂慢性發炎，就是體內持續不斷悶燒的狀態。急性發炎只要服用解熱鎮痛劑就可緩解症狀，但慢性發炎不同，因為沒有顯見症狀，所以很難在初期就對症下藥。

正因如此，大家必須像前文說明過的那樣，要從日常生活中調整油類攝取、注意好油與壞油的平衡、多運動、避免肥胖、適時抒發壓力等，來改善悶燒體質。

也就是說，**慢性發炎並不是光靠藥物就能治療，而必須透過重新檢視日常生活習慣來調整**。

話雖如此，我們還是可以運用中藥輔助。西藥是針對疾病的症狀對症下藥（抑制症狀），相對於此，中藥則是**根據服用者的症狀與體質，選擇適合的藥材，調理**

全身的平衡，從問題的根本解決病灶。

有些中藥有助於改善容易悶燒的體質，例如具有**清熱作用**的中藥材。中醫把發炎視為「熱」，改善體內的熱，就稱為「清熱」。例如，有牙齦炎或口腔炎的患者，可以開一帖名為**黃連解毒湯**的中藥。這是由「黃連」和「黃芩」等具有清熱作用的藥材所組合而成的漢方藥。

☑改吃中藥，同時治癒了牙齦炎與鼻炎

前陣子，有個牙齦炎遲遲無法痊癒的六十歲男性患者，在喝了黃連解毒湯之後，他的牙齦炎便痊癒了。

據說先前就算他再怎麼仔細刷牙，牙齦炎還是不見好轉，牙醫也再三交代：「這應該是壓力過大所造成的問題。請試著再放輕鬆一點。」但患者本身並不覺得自己有壓力，因此很傷腦筋，所以在他上門求診別的症狀時，我便向他提議：「要不要試試中藥？」，結果，不光是牙齦炎，就連他輕微的鼻炎也跟著痊癒了。

除此之外，感冒時經常服用的「小青龍湯」，裡頭同樣含有「甘草」或「麻黃」等具抗發炎作用的藥材。

中藥的基本功效就是改善體質、調理出健康的身體。大家可以試著找出最適合自己的漢方，改善悶燒的體質。

綠蠹魚 YLH25

抗發炎：斷開百病最強絕招

作　　者／池谷敏郎（Iketani Toshiro）
譯　　者／羅淑慧
副總編輯／陳莉苓
資深編輯／李志煌
行銷企畫／陳秋雯
封面設計／王信中
內頁排版／江慧雯

發行人／王榮文
出版發行／遠流出版事業股份有限公司
1004005 臺北市中山北路一段 11 號 13 樓
郵撥／0189456-1
電話／2571-0297　傳真／2571-0197
著作權顧問／蕭雄淋律師

國家圖書館出版品預行編目（CIP）資料

抗發炎：斷開百病最強絕招
池谷敏郎（Iketani Toshiro）著；羅淑慧譯 . –
初版 . -- 臺北市：遠流，2018.09
240 面；14.8×21 公分 . --（綠蠹魚；YLH25）
譯自：体内の「炎症」を抑えると、病気にならない！

ISBN 978-957-32-8319-5（平裝）

1. 疾病防制　2. 慢性疾病　3. 發炎

429.3　　107009858

2018 年 9 月 1 日 初版一刷
2021 年 9 月 16 日 初版四刷
售價新臺幣 300 元
（缺頁或破損的書，請寄回更換）

ISBN　978-957-32-8319-5

YLib.com 遠流博識網

http://www.ylib.com
E-mail:ylib@ylib.com

TAINAI NO“ENSHOU” WO OSAERUTO BYOKI NI NARANAI! by Toshiro Iketani

Original Japanese edition published by Mikasa-Shobo Publishers Co., Ltd.